本 书 获

国家林业局和贵州省林业厅下达的"中央林业国家级自然保护区补助资金项目"

中华人民共和国环境保护部和贵州省环境保护厅下达的"生物多样性保护专项资金项目"

2013 年贵州省出版传媒事业发展专项资金

贵阳学院贵州省生物多样性与应用生态学重点实验室科研平台资助

贵州省省院合作项目"梵净山自然保护区不同植被类型元素化学计量与生态稳定性的关系研究"

资 助

U0307179

梵净山研究·11
贵州梵净山国家级自然保护区管理局

梵 净 山 土 壤

FANJINGSHAN TURANG

梵净山研究编辑委员会 编
梵净山土壤编辑委员会
林昌虎 主编

贵州出版集团
贵州科技出版社

图书在版编目(CIP)数据

梵净山土壤／林昌虎主编；梵净山研究编辑委员会，
梵净山土壤编辑委员会编. -- 贵阳：贵州科技出版社，
2020.6

ISBN 978 - 7 - 5532 - 0650 - 9

Ⅰ. ①梵… Ⅱ. ①林… ②梵… ③梵… Ⅲ. ①梵净山
- 山地土壤 - 研究 Ⅳ. ①S155.4

中国版本图书馆 CIP 数据核字(2020)第 102018 号

出版发行	贵州出版集团　贵州科技出版社	
地　　址	贵阳市中天会展城会展东路 A 座(邮政编码:550081)	
网　　址	http://www.gzstph.com	
经　　销	全国各地新华书店	
印　　刷	深圳市新联美术印刷有限公司	
版　　次	2020 年 6 月第 1 版	
印　　次	2020 年 6 月第 1 次	
字　　数	224 千字	
印　　张	8	
开　　本	889 mm × 1194 mm　1/16	
书　　号	ISBN 978 - 7 - 5532 - 0650 - 9	
定　　价	98.00 元	

天猫旗舰店:http://gzkjcbs.tmall.com

序言

梵净山是武陵山脉的主峰,最高点海拔 2572 m,具明显的中亚热带山地季风气候特征。本区为多种动植物区系地理成分汇集地,动植物种类丰富,珍稀动物、古老和孑遗植物种类多,植被类型多样,垂直带谱明显,为我国西部中亚热带山地典型的原生植被保存地。梵净山建立自然保护区的历史可追溯到 1956 年第一届全国人民代表大会第三次会议,在此次会议上,竺可桢教授等科学家提议,要在全国重要的原始林区建立"禁猎禁伐区",其中就包括贵州的梵净山。1956 年梵净山建立了梵净山经营所,1978 年正式建立了省级自然保护区,1986 年晋升为国家级自然保护区——贵州梵净山国家级自然保护区(本书简称为"梵净山国家级自然保护区");同年,被联合国教科文组织列入国际"人与生物圈"保护区网成员,成为中国第四个国际生物圈保护区。该区保护类型为森林生态系统类型,主要保护对象是以黔金丝猴、珙桐等为代表的珍稀野生动植物及原生森林生态系统。本地区森林覆盖率为 96%。梵净山国家级自然保护区内的原始森林被认定为是世界上同纬度保护最好的原始森林,区内物种多样性丰富,其中不乏 7000 万至 200 万年前第三纪、第四纪的古老动植物种类,是人类难得的生物资源基因库,举世瞩目的生物多样性研究基地;梵净山出露地层古老,有"寒武纪窗口"之称。由于这些特点,梵净山很早就成为中外科学工作者的研究对象。早在 20 世纪 30 年代,就有中外科学家如蒋英、陈焕镛、钟补求、焦启源等和奥地利人韩马列迪、美国人史德威等到梵净山做过植被调查工作。20 世纪 60 年代简竹坡教授带领中国科学院植物研究所人员对梵净山的植被,特别是对水青冈群落进行了详尽的调查;与此同时,国内的大专院校、科研单位,特别是贵州的科技工作者等也到梵净山开展了大量的调查研究工作,在兽类、鸟类、两栖类、地质、水文等方面获得了丰富的资料。但遗憾的是,这些资料大多分散且不系统,没有在更多的领域发挥应有的作用。20 世纪 80 年代以后,由于梵净山国家级自然保护区正式建立初始,保护区的上级管理机构和保护区自身的管理机构迫切需要对梵净山有较全面的了解,实现科学管理和合理利用梵净山的资源,从而使对梵净山的研究进入了一个较全面的综合考察阶段。这一阶段的工作主要包括了 20 世纪 80 年代初期,由贵州省环境保护局(现贵州省环境保护厅)组织,周政贤教授、邓峰林高级工程师等主持的梵净山综合考察,涉及动物、植物、地质、土壤、气候环境等 12 个学科,近 30 位专家参与。20 世纪 80 年代中后期,在之前考察的基础上,又经贵州省林业厅、国家林业局安排,由梵净山国家级自然保护区管理处组织,省内外 20 余所大专院校和科研单位参与,进行了长达 10 年的综合考察和专题研究。到 20 世纪 90 年代初期,这些工作取得了大量的成果,包含了生物、环境、保护区社区的社会经济、保护区规划等 30 多个专题的研究,查明梵净山国家级自然保护区内生物物种达 3000 余种,并编著了《梵净山科学考察集》《梵净山研究》《黔金丝猴野外生态》三部专著,作为梵净山第一次本底调查的资料正式出版。这些成果对加深中外科学工作者对梵净山重要性的认识,指导梵净山国家级自然保护区的工作,补充国内生物多样性的资料都起到了重要的支撑作用。特别是在针对梵净山国家级自然保护区的保护和开发利用的决策上,起到关键的作用。由于这些成果的科学性和应用性,使其均获得国家或省部级的奖励,如《梵净山研究》获得"国家科技进步"三等奖,《梵净山研究》《黔金丝猴野外生态》获得"国家优秀科技图书"二等奖。

<<<

进入21世纪,随着中国全面的快速发展,科学研究水平的提高和科技手段的更新,20世纪对梵净山的研究虽然取得了重大成果,做出了重大贡献,但是由于梵净山蕴含的资源太丰富,我们没有认识和涉及的领域还很多,对于一些已经调查研究的课题也还需要进一步深化,因此梵净山国家级自然保护区管理局(下称"管理局")在上级部门的支持下,继续对梵净山的环境、资源、人文地理等方面开展更深入的研究。管理局决定,在这次大范围全面深入的调查研究的基础上把梵净山国家级自然保护区建设成一个真正的科学研究基地和教学基地,发挥一个开放的科研平台的作用,和国内外的科技工作者一起共同研究梵净山,共同保护梵净山,充分体现和利用梵净山的科研价值,并将研究成果应用于社会。现在,管理局已经与北京林业大学、北京动物园、贵州大学、中国科学院昆明分院、贵州科学院、贵州省地质矿产勘查开发局等建立了长期的合作伙伴关系,并通过贵州省外国专家局和国家外国专家局的支持和帮助,广泛开展了国际合作,如和美国圣地亚哥大学、美国圣地亚哥动物园、意大利都灵大学、德国灵长类中心等开展了专项合作,研究的内容涉及地质地貌、动物、植物、环境保护、人文地理、旅游、中草药资源、保护生物学、社区经济等方面。在研究手段上,除了常规的深入保护区实地调查外,还大量采用遥感遥测、红外相机定点监测、卫星照片分析等手段。这些都使这一阶段的研究工作更加深入,获取的资料更丰富。仅从物种的多样性上看,现查明的生物物种就较第一次本底调查的物种增加了1倍,达到6000多种。从仍在开展的调查工作来看,这个数字还将会增加。通过自2000年以来十几年的调查研究工作,至今已经取得了大量的成果。根据国家林业和草原局和贵州省林业厅的要求,由于第一次本底调查距今已经有20余年,以前的资料已经不能满足现在的需要,要求梵净山国家级自然保护区管理局尽快完成第二次本底调查研究。管理局决定,从2000年起,在以前这些年来研究工作的基础上,再进一步深化调查研究工作,并从2012—2015年分批将这些成果编著出版,作为第二次本底调查的资料。显然,参加第二次本底调查研究的国内外研究单位和研究工作者更多,所获得的资料比第一次本底调查更为深入、详尽和专业,仅用一两本综合各学科的专著的形式是无法概括的,因此决定采用"梵净山研究"系列著作的方式来出版这些成果,根据各个学科的资料篇幅,原则上一个学科撰写出版一本专著,或相邻的两个学科撰写出版一本专著,这样"梵净山研究"系列将包括约20本专著。在资料使用上,除文字论述、图表分析外,还要求附研究对象的实物照片,如针对物种多样性的研究,就必须有研究物种的照片;针对地质地貌的研究,就要有地质结构、地貌特征的照片。我们认为,这种方式将使"梵净山研究"更真实地反映梵净山国家级自然保护区的本底;同时,不仅专业人员能用,一些对某些学科有兴趣的业余爱好者也能用,而大量的照片也将起到保存这一阶段现实的历史的效果。

我们设想:"梵净山研究"系列著作将成为反映梵净山研究工作的资料库,在这一阶段第二次本底调查的工作基本结束后,对梵净山的研究工作还将继续进行和深入,新的认识和成果还将不断出现,对将来持续不断出现的对梵净山更深入的研究也将通过"梵净山研究"不断反映,这种形式不仅能持续地反映针对梵净山的研究轨迹和取得的研究成果,而且将使这些研究成果更有效地服务于社会实践。

"梵净山研究"编辑委员会

目录

第一章　引　言

一、研究背景

梵净山位于贵州省东部江口县、松桃苗族自治县(简称"松桃自治县")、印江土家族苗族自治县(简称"印江自治县")交界处,是云贵高原向湖南省、广西壮族自治区丘陵地带过渡的一个坡面隆起地段。总面积 567 km²,垂直高差 1900 m,地质地貌、成土条件复杂,主要以山地黄壤和暗黄棕壤为主。生物多样性丰富,有植物 1955 种、动物 800 多种,是地球同纬度地区植被保存最完整的地方,同时也孕育了独特的植物资源,如珙桐、梵净山冷杉、亮叶水青冈等。

贵州省历届领导班子均重视和保护梵净山,1980 年梵净山自然保护区成立。此前,国家一直将其列为禁止砍伐区,当地居民对生态环境的保护意识也较强,因此众多物种得以保存至今。

我国历来重视和保护梵净山生态环境,并对梵净山进行了持续研究。1935 年,中华民国政府的中央农业实验所静生植物园开始有组织地对梵净山植被和植物区系进行调查、采集标本,至今仍有原始标本存于贵州科学院生物标本馆。中华人民共和国成立后,中国科学院植物研究所、中国科学院西南生物研究所(现中国科学院成都生物研究所)都在梵净山及其周边地区开展植物资源调查,中国科学院西南生物所还在贵阳市成立了西南生物研究所贵阳工作站,并与其他科研院所共同、逐步发展为中国科学院贵州分院。1962 年,中国科学院贵州分院撤销。"文化大革命"期间,围绕梵净山的科学研究停滞不前。

1979 年,科学的"春天"到来。同年,贵州科学院成立,并比照中国科学院的建制模式,设立贵州科学院梵净山生态定位工作站,以森林生态系统的半定位观测为建站点,开始对梵净山森林生态系统的"水、土、气、生"定点观测;1980 年,梵净山自然保护区管理处成立,按照保护区的功能定位,开始科学研究、试验示范工作;1981 年 5 月,贵州省环境保护局和贵州省环境科学学会组织了科学考察团,对梵净山的自然地理、生物资源、环境背景值等方面进行了首次综合性科学考察,该成果于 1982 年获得"贵州省科技进步"二等奖、1983 年获得"城乡建设环境保护部科技成果"二等奖;1985 年,该成果被汇编出版成《贵州梵净山科学考察集》,该书涵盖地质地貌、气候、土壤、植被、真菌、鸟类、两栖爬行动物,并专门列出珙桐、梵净山冷杉、黔金丝猴等梵净山特色生物资源,并且分析了梵净山地球化学背景值和自然土壤 8 种微量元素环境背景值。此后,国内外的相关科学工作者围绕梵净山持续展开科学研究。

在现有的公开文献报道中,围绕梵净山的科学研究主要集中于以下几个方面:一是生物资源调查。此类工作持续时间最长,参与单位、人员最多,且不断扩展、深入,取得的成果最多,得到了以原梵净山管理局局长、动物学家、二级教授杨业勤研究员为首席科学家,以黔金丝猴、梵净山珍稀植物为研究对象,国际、国内相关高校、院所和众多科技工作者参与的,探索、发现、解读梵净山神秘、神奇、神采的自然系列研究成果,曾获得"国家科技进步"二等奖。二是地质地貌研究。三是水资源及水环境调查。四是土壤母质、理化性质、分布规律及类型调查。

上述科学研究中,生物资源考察的相关研究较多,形成了较为丰富、全面、系统的架构,而涉及土壤方面的研究较少,特别是针对土壤环境与梵净山特色植物的结合、联合研究更少。因此,有必要对梵净山特色植物及其土壤环境进行调查,从多维角度分析梵净山特色植物的存在、演化、功能、价值,为梵净山国家级自然保护区的建设服务。

贵州梵净山国家级自然保护区管理局成立后,在生物生态与环境保护方面做了大量工作,成效显著。当地居民的生态意识明显提高。在此前提下,从防止人为破坏因素的被动性保护到科学分析、积极主动地保护转变成为必然。2011年,贵州梵净山国家级自然保护区管理局、贵州科学院、中国科学院昆明分院在贵阳市进行会商,决定共同开展围绕梵净山自然生态系统的"水、土、气、生"方面的科学研究,服务于梵净山国家级自然保护区的物种保护、科学研究、试验示范中心工作,促进人与自然的和谐发展。

二、研究内容和方法

本研究从梵净山的土壤类型、特征和分布入手,以梵净山土壤为研究对象,通过收集前人的科学研究成果、文献、资料,包括一些原始采集记录和实验观测原始记录,在充分掌握研究基础前提下,针对性设置取样点,到实地调查梵净山特色植物立地条件、取土样、送检,获得数据后,汇总、处理、分析、比较、讨论、总结,重点研究了梵净山土壤成土环境条件、梵净山土壤性状特征、梵净山珍稀植物林下土壤化学性质、梵净山土壤重金属分布特征等几个方面的内容。本次研究是在原有研究的基础上的一个细化和补充。

第二章　梵净山土壤的基本概况

一、梵净山历史概况

梵净山国家级自然保护区位于贵州省铜仁市,得名于"梵天净土",原名"三山谷",国务院于1978年将其确定为国家级自然保护区,联合国教科文组织于1986年将梵净山国家级自然保护区接纳为世界"人与生物圈"保护区网的成员单位,是继吉林长白山自然保护区、四川卧龙自然保护区、广东鼎湖山自然保护区之后,中国第四个加入世界"人与生物圈"保护区网的成员单位。梵净山国家级自然保护区位于云贵高原武陵山脉中段,总面积567 km²,是地球同纬度地区保护最完好的原始森林,被誉为"地球和人类之宝"。

梵净山作为一个比较完整的物种"基因库",早在20世纪三四十年代就引起了中外科学家的极大关注。20世纪六七十年代,政府组织专家多次进行大规模科学考察。1978年,梵净山被正式划为贵州省自然保护区。1986年,梵净山被升级为国家级重点自然保护区,同年被联合国教科文组织接纳为世界"人与生物圈"保护区网成员。

梵净山是"武陵正源,名山之宗",曾先后荣膺2008年度和2009年度的"中国十大避暑名山"之一。贵州梵净山是与山西五台山、四川峨眉山、安徽九华山、浙江普陀山齐名的中国五大佛教名山之一,分别供奉弥勒菩萨、文殊菩萨、普贤菩萨、地藏菩萨、观音菩萨,是中国佛教圣地,在佛教史上具有重要的地位。中华人民共和国成立后对"五大名山"进行了保护,并对寺院进行了修葺,成为蜚声中外的宗教、旅游胜地。

梵净山具有明显的中亚热带山地季风气候特征,全境山势雄伟、层峦叠嶂、坡陡谷深、群峰高耸、溪流纵横、飞瀑悬泻。古老地质形成的特殊地质结构塑造了她千姿百态、峥嵘奇伟的山岳地貌景观。梵净山是武陵山脉的主峰,位于贵州省东北部,为乌江水系(北坡)与沅江水系(南坡)的分水岭。水系呈放射状分布,气候湿润。就地质构造而言,梵净山区为一个穹窿构造,位于华夏构造体系北东北方向2.5°背斜的中点,为侵蚀类型地貌。该区广泛出露前震旦系地层(上下板溪群),以灰绿色火山喷发岩系为多见,另有小面积岩浆出露,以超基性岩和酸性岩为多见,以上岩石均有轻度变质。

梵净山是中国黄河以南最早从海洋中抬升为陆地的古老地区。这里留下了10亿~14亿年前形成的奇特地貌景观:孤峰突兀,断崖陡绝,沟谷深邃,瀑流跌宕。亿万年的风雨侵蚀,雕琢了老金顶附近的高山石林峰群,诸如"蘑菇石""老鹰岩""万卷书""将军头"等,鬼斧神工,惟妙惟肖,妙趣天成。新金顶更是孤峰高耸、直冲云天。金刀峡将新金顶从峰顶至山腰劈为两半。唯有一线峡谷援铁链可攀,其上峡顶飞桥相连,险峻至极。立足峰顶,时而千里风烟,一览无余;时而云瀑笼罩,佛光环绕,变幻万千,神秘莫测。梵净山"集黄山之奇、峨眉之秀、华山之险、泰山之雄",古人因其"崔嵬不减五岳,灵异足播千秋",故称梵净山为"天下众名岳之宗"。

二、梵净山区域位置

梵净山区位于贵州省东北部铜仁市的印江自治县、江口县、松桃自治县交界地带。地理位置为北纬 27°46′50″至北纬 28°1′30″，东经 108°35′55″至东经 108°48′30″。其原始生态保存完好，1982 年被联合国列为"一级世界生态保护区"。梵净山拥有丰富的野生动植物资源，如黔金丝猴、珙桐等珍稀物种。

梵净山也是武陵山脉的主峰，最高峰凤凰山海拔 2572 m，老金顶（梵净山老山）2494 m，新金顶（梵净山新山）2336 m。梵净山是云贵高原向湘西丘陵过渡斜坡上的第一高峰（相对高度达 2000 m）。她不仅是乌江与沅江的分水岭，还是横亘于贵州、重庆、湖南和湖北四省（市）武陵山脉的最高主峰。

三、梵净山植被及生物特征

梵净山植物类型多样，森林是梵净山区生态系统的主体，森林资源是其生物资源的核心。森林既是生态系统的第一性生产者，又是能量流动与物质循环的枢纽；同时因其特殊的层次结构，形成了动物、微生物赖以生存的栖息地环境。森林类型划分为原生性的栲树林、青冈栎林、珙桐林、黄杨林、高山柏林等及次生性的响叶杨木林、桦木林、枫香林、枫杨林、马尾松林、毛竹林等 44 个森林类型。在梵净山国家级自然保护区内森林覆盖率在 80% 以上，森林活立木蓄积量为 3 378 000 m³。

据不完全统计，在梵净山国家级自然保护区内，植物种类有 277 科 795 属 1955 种，其中裸子植物 6 科 14 属 19 种，占全国种类数的 9.5%；种子植物 144 科 460 属 1155 种，占全国种类数的 4.6%；苔藓类 50 科 127 属 245 种，占全国种类数的 11.1%；蕨类 38 科 85 属 183 种，占全国种类数的 7.0%；大型真菌 45 科 123 属 372 种，占全国种类数的 4.7%。植物区系比较复杂，是一个相当丰富和古老的温带、亚热带区系。

梵净山区动物种类多样，拥有东洋界的华中、华南和西南 3 个区系成分的动物。梵净山国家级自然保护区已初步记录在案的动物有 800 多种，其中兽类 8 目 23 科 68 种，占全国种类数的 13.6%；鸟类 16 目 39 科 191 种，占全国种类数的 6.2%；爬行类 3 目 9 科 41 种，占全国种类数的 10.9%；两栖类 2 目 8 科 34 种，占全国种类数的 12.2%；鱼类 4 目 9 科 48 种；陆栖寡毛类 2 科 21 种；昆虫 18 目，目前已知 400 多种，尚有不断的新属新种报道。除此之外，梵净山尚有众多低等动物、无脊椎动物类群的研究还未涉及。

梵净山原始森林为多种植物区系地理成分汇集地，植物种类丰富，为我国西部中亚热带山地典型的原生植被保存地。区内有植物种数 2000 多种，是世界上罕见的生物资源基因库。其中高等植物有 1000 多种，国家重点保护植物有珙桐等 21 种，并发现有大面积的珙桐分布。

从海拔 500 m 左右的山麓地带到海拔 1300～1400 m 的地区，主要是地带性的常绿阔叶林，为梵净山森林的精华所在，其中有不少仍处于原始森林的状态，植株密集，林内阴暗，生活着众多的珍稀生物。从鱼坳以上，海拔 1400～1900 m 为常绿落叶阔叶混交林带，1900～2100 m 为落叶阔叶林带。在梵净山，举目所见都是胸径粗的大树，其中好多树木直径达到 1 m 以上。其是目前我国保存最为完好的森林。世界上共有 15 种植物区系地理成分，在梵净山就有 13 种。

梵净山山势高峻，山体庞大，形成了"一山有四季，上下不同天"的垂直气候特点和动植物分布带，保存了世界上少有的亚热带原生生态系统，并孑遗着 7000 万～200 万年前的古老珍稀物种。据科学考察数据显示，梵净山有生物种类 2601 种，其中植物 1800 种，列入国家重点保护的珍稀植物 17 种，占贵州省受保护植物总数的43%;动物801种,列入国家重点保护动物19种,占全省受保护动物总数的68%。

梵净山有脊椎动物382种,其中受国家保护的野生动物有黔金丝猴、熊猴、猕猴、云豹、林麝、毛冠鹿、苏门羚、穿山甲、鸳鸯、红腹角雉、红腹锦鸡、白冠长尾雉和大鲵等14种。其中最珍贵、最具科学价值的是黔金丝猴,梵净山也是其唯一分布区。

黔金丝猴是我国特有的珍稀兽类,因数量少,成为世界上濒危物种之一,被誉为"世界独生子"。国家列其为一类保护动物。黔金丝猴栖息在人迹罕至的深山密林,现有约800只,因其背部有青灰色的毛,又称之为"灰金丝猴"。梵净山为其唯一分布区,据调查仅有约800只,是世界濒危物种之一。黔金丝猴的分布环境比较特殊,主要活动于保护区东北部松桃自治县境内,海拔1400~1800 m之间的地形崎岖、林木茂盛地区。它以多种植物的叶、芽、树皮和果为食,它们过着典型的群体树栖生活。各群均由不同年龄段组成,各群最强壮的雄猴任群体的首领,但各群体间互不往来,活动的地域范围各不重叠,囿于固定的领地。对于受伤和死亡者则有抢尸习性。梵净山国宝级的珍稀动植物以黔金丝猴和珙桐最具代表性。黔金丝猴为梵净山所特有,其数量比大熊猫还少,珙桐则是1000万年前新生代第三纪留下的孑遗植物,曾广泛分布于北温带,后由于地质变迁与气候变化,珙桐在地球上几乎消失殆尽,但在梵净山地区,至今仍有十几片大面积的珙桐分布。每当春末夏初,奇特而美丽的珙桐花纷纷开放,仿佛群群白鸽翩飞于林间。这种中国特有的古老植物被国外命名为"中国鸽子花",被誉为"北温带最美丽的花朵",也被作为名贵观赏植物移植到欧洲。此外,在梵净山脚下的印江自治县永义乡,有一棵约30 m高的巨型紫薇,是唐朝传下的树木,至今已有1300余年的树龄,但生长仍然极为茂盛,每年开花3次,每次颜色各不相同,被当地人奉为"梵净神树"。它已被列入中国珍稀名木古树目录,是"中国紫薇王"。在梵净山盛产优质茶叶的团龙村,有一株古老的茶树,经专家鉴定,其树龄在650年以上,是中国现存最古老的人工定植茶树,被称为"中国茶树王"。

四、梵净山地貌发育的物质基础

梵净山国家级自然保护区的地质构造存在着截然不同的两大地质构造单元。以金顶为中心的梵净山主体部分大致在保护区范围内,属武陵古陆。出露地层是扬子地台的基底构造层——前震旦系轻变质岩系。它由梵净山群(即原下板溪群)和板溪群(即原上板溪群)组成。梵净山群(Pt1f)属地槽型浅海相复理式建造,厚达4000~5000 m,具有叠加变质特征,以变余粉砂岩、绢云母板岩、千枚岩、块状变质细碧-角斑岩为主,分布于梵净山核心部分。

板溪群(Pt2b)为准地槽型复理式建造,且已变质。以变质砾岩、含钙质千枚化绢云母板岩、变质余英砂岩、硅质绢云母板岩、变余玻屑凝灰岩为主,厚度可达4000 m以上。不整合于梵净山群之上,除了山顶如梵净山金顶、万卷书等地有零星分布外,连续分布于梵净山群的外围。

在构造上为梵净断穹,它是由3个短轴背向斜(张家堰、黑湾河倒转背斜,牛风包倒转向斜)构成的复背斜基础上再由北东东(NEE)向红石枢纽断层和北东东、北西(NW)向等断层近圈闭状断裂而形成的一个穹窿背斜断块山。

梵净山外围与中心部分相比显著不同,是由古生代及中生代(震旦系-三叠系,其中只缺失泥盆系、石炭系)浅海相碳酸盐岩层夹碎屑岩的扬子地台盖层所组成,总厚度可达3860~8500 m,皱褶断裂发育、线型构造清晰,顺应构造格局发育了一套以岩溶地貌为主的地貌类型,地势也明显地低于梵净山中心地区。

梵净山地区在梵净山运动时(Pt1f与Pt2b之间的一次强烈构造运动),梵净山山群受到强烈皱褶和断裂,形成了张家堰、黑湾河倒转背斜和牛风包倒转向斜、淘金河断层。由于岩浆活动频繁,形成了浸入的白岗岩、石英纳长斑岩、橄榄灰长岩等,同时完成了地槽回返。

雪峰运动(Pt2b 与 Za 之间的一次运动)以波状上升并伴以断裂,且使整个板溪群发生区域性变质,红石大断裂也多属此时期形成。从此,梵净山便进入了一个崭新的地质地貌发展时期,隆起为陆,成为一个长期多次上升又累遭剥蚀的蚀源区,奠定了梵净山的基本骨架。以后加里东、海西等运动虽对山体有影响但均属板块升降运动,无明显的地层变形。

燕山运动使梵净山保护区又产生了强烈的变动,不仅使周围震旦系－三叠系沉积盖层发生强烈变形、皱褶和断裂,且使基底构造层的梵净群、板溪群也再次发生变形和断裂,并有岩浆的再次活动。梵净山今日的基本构造格局也就此形成。燕山期构造的总方向是北北东(NNE),是梵净山保护区主干构造线,皱褶以鼻状背斜和箕状向斜为主,断裂多为高角度冲断层或斜冲断层,表现出"多"字形排列的扭动构造形迹,并使早期形成的压扭性断裂,如控制本区东西差异的红石大断层再次活动,旋钮上升,造成北东(NE)向构造截接或切断 NNE 向构造,且因断裂两侧断块发生过强烈扭动,使梵净山发生旋钮上升,梵净山由 Pt2b 组成的一系列 NE 向皱褶,其轴向向西南收敛,向东北散开构成一个略向东南突出的帚状旋卷构造,也与燕山运动再次改造有关。而以后的喜马拉雅运动和新构造运动都只不过是在此基础上进一步隆升、复活或加剧。

五、梵净山土壤

梵净山土壤分布面积最多的是山地黄壤和暗黄棕壤。前者土层较厚,养分也较丰富,利用价值较高;后者虽然有机质、氮、磷、钾元素丰富,但土层浅薄,利用价值较低。由于地形、气候、植被和母岩等成土条件的复杂性和差异性,决定了梵净山保护区土壤类型的多样性。根据土壤地带性分布规律,由山麓到山顶分布有黄红壤、山地黄壤、山地暗黄棕壤和山地灌丛草甸土,1900～2200 m 山地背风山麓还分布有暗色山地矮林土。

第三章　梵净山土壤成土环境条件

一、梵净山主要成土环境条件

　　土壤是独立的自然历史体。它区别于地表其他物质类别最关键的特征是它能够支撑和满足地表植物对养分的需求。地表岩石及其风化产物是土壤形成的基质。水、气、热等气候条件对土壤内部物理反应、化学反应速率具有很强的调控作用,并在长时间尺度下决定着土壤演化的方向。生物则主导了土壤内部地球化学循环过程,并促进土壤有机类物质的累积。地形条件则决定了气候、生物在土体内部的再分配过程,间接调控了土壤演化的过程。因此,早在 19 世纪初我国土壤学家就提出土壤是受气候、生物、母质、地形和时间共同作用的综合体,并用如下公式表示:

$$S = f(cl \mid o \mid r \mid p \mid t)$$

式中:S 表示土壤;cl 表示气候;o 表示生物;r 表示岩石或母质;p 表示地形;t 表示时间。

　　事实上,现代土壤学在这一基础上加入了人为影响因素。因为,人为对土地的利用方式、经营管理的措施和强度在很大程度上已经超越了自然因素对土壤的影响。人为影响因素对土壤内在属性的影响表现为正反两个方面。正方向加速了土壤与生物间物质循环的速度、维系了土壤与生物间物质和能量的平衡状态。负方向则损害和降低了土壤内在属性,使其难以保持肥力。在梵净山国家级保护区,土壤的形成和演化正是以上多种重要因素共同作用的结果,但不同区域土壤类型和属性有差异,反映了这些因素对土壤形成过程影响的强弱。

（一）地形地貌

　　地形支配着地表径流、土内径流、排水情况,因而在不同的地形部位(上部、中部和较低处)会有着不同的土壤水分状况类型。地形不仅控制着近地表的土壤过程(侵蚀与堆积过程),而且还影响着成土作用(如淋溶作用)的强度和土壤特性,以及成土过程的方向(自型土、半自型土)和土链的形成与发育。

　　梵净山是武陵山脉的主峰,是呈南北长、东西窄的椭圆形区域。凤凰山为梵净山体的最高峰,海拔 2572 m,与东南部黑湾河最低点垂直落差 2000 m。由于梵净山山体起伏较大,整体表现为中心隆起,四周遭受强烈侵蚀切割成为乌江与沅江水系的分水岭。

　　在漫长的地质历史中,梵净山经历了武陵运动、雪峰运动、燕山运动、喜马拉雅运动大致四期比较显著的地质构造运动,从而多期性且继承性地形成了今世梵净山的高中山深谷地貌。地貌上最突出的表现为以金顶为中心(海拔 2336 m)的高中山地形与周围的低中山、低山、丘陵形成鲜明的对比。放射状水系和沟谷切深达 700～900 m,特别是封闭状的地形切割等值线围绕穹窿越向中心越强烈,而 700 m 切割等值线与隆起最强中心相吻合,清楚地反映了构造上升的特点和强度。

　　由梵净山山群浅变质岩组成穹窿高中山主要分布于梵净山的中心部分,海拔多在 2400 m 以上。然而四周由于河流强烈侵蚀下切,深度可达 900 m 以上。山坡坡度常在 30°～50°之间或更大,河间分水岭单薄呈刀脊状或锯齿状。河谷均成峡谷或嶂谷,常见悬崖峭壁和瀑布。由板溪群浅变质岩组成的穹窿中山主要分布于梵净山高中山周围,海拔高度 1500 ~ 2400 m,切割深度常达 700 ~ 900 m,坡度常在 32°~42°之间,河谷亦呈峡谷或嶂谷,分水岭也多呈刀脊状。

梵净山外围地区除了围绕中心分布着侵蚀构造的中山、低山和丘陵外,还有因不同时代的碳酸岩层分布、岩溶地貌类型发育,和因盖层构造层具有以碳酸盐和碎屑岩互层,但以碳酸盐岩层为主,且经过燕山运动强烈皱褶断裂后,表现出水平分布的条带状,所以是以岩溶化构造中山、低山,浸侵蚀构造中山、低山为主,在宽阔的背向斜地区,常发育典型丘峰溶原或丘峰洼地地貌类型,其分布深受构造的控制。在东南方更有东北、西北二组裂隙及断裂构造,制约着水系和地貌的发育,水系及地下河均格子状,而地表、地下岩溶形态如溶斗、竖井、盲谷、洼地、岩溶泉、暗河等也都顺应构造格局发育,这与梵净山中心区因穹窿上升形成的放射状水系形成了鲜明的对比。

梵净山中心地区隆起的周围,还分布着大小不等的盆地,如北部的乌罗、合水盆地,西部的昔土坝、郎溪盆地,南部的德旺、茶寨盆地,东部的高寨、太平盆地等。这些盆地不仅海拔低,而且阶梯及第四纪沉积比较发育,且多具有相对断陷的性质。

冰川地貌在梵净山顶部有着充分表现。如新金顶、老金顶、万卷书、锯齿山、太子石、杉湾、九龙池等地残留有第四纪时低温造成的寒冻风化及冰原地貌现象,如石流、岩屑锥、蕈状石、参差岩、锯齿山、深融冻裂隙及石柱、古雪蚀洼地等古气候地貌,现在还受冬季冰雪的作用。

梵净山主体部约在海拔 800 m 以上地区,河谷即表现出强烈的侵蚀套谷—峡谷套嶂谷,而且在各河谷都有醒目的反映,上部峡谷谷坡坡度一般略缓,在 30°~38°,下部嶂谷 42°~50°。套谷谷坡实际是一个复合坡,为双层结构的坡折型凸坡,而在二者的交界处常有对应的瀑布出现。显然,由峡谷变成嶂谷,谷坡坡度的剧增反映了下切侵蚀不断加强的趋势,说明了上升速率加强。

地形比例反映了流域不同发育阶段其形态与能量之间的动力平衡状态,同一级别的支流其值越小越趋一致,表明河道发育越趋成熟。梵净山按资料统计表明,山上中心与山下外围地区差异很明显,总的规律是同一级支流地形比率山上大、外围地区小。如一级支流山上高 0.6 ~ 1.6,其值变幅大,山下则多在 0.5 以下,变幅较山上小;二级支流山上多在 0.3 ~ 0.4 之间,山下多在 0.2 以下;三级支流山上多在 0.2 ~ 0.3 之间,山下则多在 0.1 ~ 0.2 或更低。因此,地形比率也表明了在贵州总的大面积上升的背景之上,梵净山上升更为强烈,地形回春比周围更加明显。

(二)气　候

气温、降雨和风等气候因素都能够直接影响土壤的形成过程,影响土壤中矿物质、有机质的迁移转化过程,并决定母质母岩风化、土壤形成过程的方向和强度。在气候因素中,气温和降水量对土壤的形成具有普遍的影响。

梵净山气候条件对土壤形成过程的影响主要表现在山体迅速抬升导致温度的降低和降水量的增加,以及由于山体陡峭的坡度所引起的水热条件的再分配过程。

梵净山地区属于东亚热带季风气候区,因此具有明显的中亚热带季风山地湿润气候的特征,但仍具有明显的坡向差异。主要表现为:年辐射平衡值为正,地面有效辐射值较小,年散射辐射值略大于年直接辐射值,年总辐射值为全国低区之一。3—9 月时西坡山麓的印江自治县年总辐射值多于东北坡山麓的松桃自治县和东南坡山麓的江口县,而 10 月至次年 2 月时印江自治县与松桃自治县的差异不大,略小于江口县。

梵净山地区的年平均气温在 5 ~ 17 ℃之间,相差 12 ℃,气温随地势增高而降低,其年平均气温垂直递减率为(0.50~0.56)℃/100 m,小于自由大气气温的垂直递减率。按季节划分则以夏季最大,平均(0.58~0.61)℃/100 m。冬季最小,平均(0.42~0.48)℃/100 m,秋季略大于春季。其年变化曲线基本上为单峰型。以7月最大,(0.62~0.64)℃/100 m;8月次之;1月最小,(0.40~0.45)℃/100 m。超过10℃的积温也随地势抬升而明显减小,其垂直递减率在东北坡和东南坡为190℃/100 m,而西北坡和西南坡为200℃/100 m,接近于金伟山的垂直递减率。

气温同样有明显的坡向差异,总的来说西坡的气温高于东坡。再进一步细分,在冷空气活跃的冬、春、秋三季,西南坡的气温最高,西北坡次之,东南坡再次之,东北坡的气温最低;夏季东北坡和西北坡的气温差异不大,东南坡的气温偏低。气温的坡向差异可概括为以下几点:①背风坡垂直递减率略大于迎风坡,其差值随季节而变化,气温垂直递减率春季最大,为0.06℃/100 m,夏季最小,仅0.03℃/100 m,冬季为0.05℃/100 m,略大于秋季。其年平均气温垂直递减率的差值为0.06℃/100 m。②在同一高度上,背风坡的气温高于迎风坡,随地势抬升气温的坡向差异渐小。不同坡向年平均气温的差值不同,600 m高度为0.8℃,1400 m高度为0.5℃,2200 m高度为0.1℃。气温的坡间差异春季最大,夏季最小。③背风坡春温回升和秋温下降的幅度小于迎风坡。④东北坡山麓的气温年较差大于西北坡,东北坡山麓的松桃自治县,气温年较差为22.5℃,而西北坡出麓的印江自治县,仅为21.8℃。⑤在高度大致相同的迎风坡,气温的日振幅大于背风坡。⑥迎风坡山麓冬、夏两季的时间较背风坡偏长;而春、秋两季时间较背风坡偏短。值得提出的是农作物的种植也反映了迎风坡的气温低于背风坡的规律,如水稻种植上限在该山东北坡和东南坡海拔1250 m的赵家林,而西南坡和西北坡海拔1450 m的印江自治县石柱岩,背风坡较迎风坡约高200 m。

梵净山地区水资源十分丰富,气象监测站年平均降水量在1100~2600 mm之间。但干、湿季分明,且雨季长于旱季,雨季长达215日(4月1日—11月1日)。按季节划分,夏季降水量最多,超过年降水量的37%;冬季降水量最少,少于年降水量的7%;春季降水量多于秋季。降水量的年变化曲线呈单峰型,最大值在东北坡,出现于5月,其他坡向出现于6月,最小值一般出现于1月。7月、8月的平均降水量虽然不算少,但由于降水量的变化率较大,温度较高,蒸发量较大,因此该区常处于副热带高压控制下,出现连晴久旱的天气。梵净山地区降水量的分布与坡向的关系极为密切,总的说来迎风坡的年降水量多于背风坡的,迎风坡的年降水量在1400~2600 mm之间,而背风坡的仅为1100~1400 mm。按年降水量多少的顺序大致可排列为:迎风坡半山降水量最多,超过2400 mm;山脊线附近和迎风坡山体下部降水量约为2000 mm;海拔800 m以下的山体下部和山麓地带的降水量以东北坡最多,达1400~1850 mm,东南坡次之,介于1400~1600 mm,西南坡较少,西北坡最少,少于1200 mm。具体见表3-1。

表3-1　梵净山东南坡和西北坡不同海拔高度气温和降水量

坡　向	海拔/m	年均气温/℃	≥10℃积温	最高月均气温/℃	最低月均气温/℃	年降水量/mm
东南坡/西北坡	410	16.2/16.8	5140/5320	26.8/27.4	5.1/5.6	1427.8/1096.9
	800	14.1/14.9	4340/4600	24.6/25.3	3.3/4.1	约1600/1200
	1200	12.2/12.8	3620/3860	22.2/22.8	1.7/2.3	约1600/1200
	1600	10.1/10.6	2900/3060	19.8/20.2	0.1/0.5	2000
	2000	8.1/8.3	2180/2260	17.4/17.6	-1.5/-1.3	2000
	2400	6.3	1460	15.0	-3.1	>2000

(三) 植 物

在土壤中生活有数百万种植物、动物和微生物,它们的生理代谢过程构成了地表营养元素的生物小循环,从而形成了土壤腐殖质层,并使碳、氮、硫、磷、钾、钠及微量营养元素在土壤层中富集。因此,生物生理活动不仅对土壤物理化学性质具有重要影响,还在土壤肥力、自净能力的形成中也起着决定性作用。

梵净山是贵州省自然植被保存较为完好的少数山区之一,尤其以壳斗科、樟科、山茶科、木兰科等为主的亚热带常绿阔叶林保存较为完好,也最为典型。从植被的种类组成、区系成分、类型划分及分布规律等方面分析,梵净山的植被有以下特征。

(1)植物种类的丰富性。梵净山的植物种类极为丰富,表现在所具有植物的科、属、种的数目众多,植物资源丰富且特有种较多等方面。据初步调查的资料统计,梵净山山区仅森林木本植物就有 405 种(包括变种),隶属于 70 科 175 属。在种类众多的植物中,又以壳斗科、棕科、山茶科、木兰科、金缕梅科、冬青科等种类为多,6 个科共有 131 种,占全部木本植物种数的 30.4%。这些植物多数是梵净山常绿阔叶林的重要组成部分,其中有的属在梵净山的分布是贵州省最集中的地区。梵净山植物种类的丰富,还表现在资源植物众多,仅药用植物就有 410 种,分属 100 科 272 属。其中很多是珍贵的药用植物,如天麻、杜仲、厚朴、黄连、独活、防风、珠子参、雪里见、蛇莲、独角莲、八角莲、藜芦等。芳香油植物如山苍子、木姜子、山胡椒、樟、川桂皮、竹叶椒等分布也很普遍。野生的观赏植物除举世闻名的珙桐、鹅掌楸外,还有树形挺拔的铁杉、梵净山冷杉、红豆杉、大明松等常绿针叶树,以及花朵美丽的杜鹃、报春花等。

(2)植物区系地理成分的复杂性、古老性。梵净山山区在地貌上处于东部湘西丘陵向西部贵州高原过渡的斜坡地带,在大气环流上同时受东南太平洋季风、西南印度洋暖流及北部西伯利亚高压的影响。在植被性质正处于我国亚热带东部湿润性常绿阔叶林向西部半湿润常绿林的过渡地带,加之梵净山山体高大,地势上的差异所引起的生物气候条件的差异十分明显,因此形成了梵净山地区自然环境条件复杂多样的特点。此外,梵净山还具有悠久的自然发育历史,这不但为多种古老的陆生高等植物的生长提供了必需的环境,而且使其能在漫长的历史中充分发育和进一步分化。尤其是在第四纪冰川期、间冰期的地史时期,全球性气温下降和之后的气温回升等气候变化,影响了我国东部和南部地区,除了很多植物因忍受不了气候的恶劣变化而死亡绝迹外,南部和北部不同地理成分的植物还发生了较大范围的地理迁移和种群分化。地处亚热带的梵净山山区由于其特殊的地理位置和复杂多样的自然环境,成了北方植物南移时的"避难所",随后又成为南方植物向北延伸的栖息地。因此,梵净山山区成为多种植物区系地理成分的汇集地。

在漫长的地史变迁之中,由于梵净山山区自三叠纪海侵结束以后,基本上保持着温暖湿润的亚热带气候,在第四纪冰川时期,虽然可能受到山地冰川及冰川寒冷气候的影响,但由于其纬度位置偏南,且地貌条件复杂,所以成为许多起源古老植物的"避难所"或新生类锑的发源地。

(3)植被类型的多样性。梵净山复杂多样的自然环境,为不同植物种群的生长提供了多样的生态地理环境,加之梵净山有种类繁多、生态习性各异的植物种类,因而生长了多种类型的植被。梵净山不仅具有中亚热带最典型的地带性植被——壳斗科、樟科为主的常绿阔叶林,还有因常绿阔叶林遭到破坏而次生的落叶阔叶林和南方山地暖性针叶林。在常绿阔叶林中,不仅有分布于低海拔(500~900 m)的类型,还具有分布上限高达 2200 m 的高海拔类型;不仅有典型的地带性植被类型,还具有受生境条件制约而发育形成的非地带性植被类型——沼泽和草地;不仅具有面积较大、分布普遍的种类,还具有分布范围狭窄、珍贵稀有的类型——以珙桐为主的落叶阔叶林、大明松林及梵净山特有的梵净山冷杉林。

可见,梵净山山区植被类型是极其多样的。

(4)植被垂直带谱。梵净山相对高差达 2000 m,因而植被有较明显的垂直差异。其垂直带结构可划分为 5 个:1300 m 以下为常绿阔叶林带,1300~1900 m 为常绿落叶阔叶混交林带,1900~2100 m 为落叶阔叶林带,2100~2300 m 为亚高山针叶林带,2350~2570 m 为亚高山灌丛草甸带。

(四)母　质

通常把与土壤形成发育有关的块状基岩称为母岩,将与土壤有直接联系的母岩风化物或堆积物称为母质。母质是形成土壤的物质基础,在生物气候的作用下,母质表面逐渐转变成土壤。占土壤固体部分体积 90% 的矿物质,均是由母岩风化而来的,是土壤的骨架和植物矿质养分元素的最初来源(除氮外)。母岩的性状可以遗传给母质,母质的性状又可以遗传给土壤,所以母质与土壤性质有着"血缘"关系,尤其是对于发育程度低的土壤。

一个发育完整的土壤剖面包含 3 个最基本的土壤发生层次,即 A、B、C 3 层(A 层淋溶层,B 层淀积层,C 层母质层)。其中 A、B 层构成了土壤剖面的"土体"部分,称为土体层,它是成土过程的产物。而 C 层是母质层,它实际上是土壤形成发育方向和强度的对比层,因而是土壤剖面不可分割的有机组成部分。C 层主要是地表母岩风化、侵蚀、搬运和堆积过程的产物。由于地表出露的基岩类型、地表风化过程的差异,形成了各种各样的母质,它是影响土壤形成发育方向、土壤性状多样化的重要因素之一。母质对土壤形成的影响首先表现为它的化学成分、机械组成等,直接或间接影响着土壤的理化性质。如在石灰岩母质和砂岩母质上分别形成的土壤,无论是成分、性质或肥力状况均有显著的差异。由石灰岩母质形成的石灰土,颗粒组成以黏粒为主,质地为重壤至重黏土,保水保肥力强,由于含有一定碳酸钙,盐基饱和度高,所以土壤呈中性至微碱性,养分含量较多,肥力较高;由砂岩母质形成的土壤质地多为砂土、砂壤土,通透性好,但蓄水保肥力差,呈酸性,矿质养分少,肥力低。

另外,母质化学成分的差异对土壤形成过程的影响也是很明显的。如在亚热带地区,发育在石灰岩等碳酸盐母质上的土壤,由于碳酸盐对土壤形成过程中产生的一些酸性物质的中和作用,因而抑制了土壤酸化过程,土壤的演变速度就比较缓慢,发育成相对的幼年土壤。相反,同一地区发育在砂岩等酸性母质上的土壤,由于形成过程中产生的酸性物质没有及时被中和,土壤的富铁铝作用就能顺利进行,与前者相比,更易于向地带性土壤演进。所以,母质对土壤形成的影响是多方面的,不仅影响土壤的性质和肥力状况,还影响土壤形成的速度,有时在一定条件下还影响土壤形成的方向。

梵净山山区在地质构造上,为古老的穹状背斜构造,凸起于云贵高原东段斜坡地带和湘西丘陵之间。梵净山山区内海拔大多在 1000 m 以上,最高点为凤凰山(海拔 2570.5 m),其次为老金顶(2473.4 m)及新金顶(2335 m),最低点在东南面山麓河谷一带(海拔 400~500 m),西北面山麓地带海拔 700~800 m。梵净山区地貌较为复杂,可分为高中山峡谷、中山峡谷、低山丘陵和河谷盆地等地貌类型。整个地区以凤凰山、老金顶及新金顶为中心,有 8 条主要溪河向四周作星状放射,成为乌江和沅江支流的分水岭,地面遭受强烈的深度切割,河谷多呈"V"形,河流比降大,蕴藏着丰富的水利资源。

梵净山山区成土母质主要为元古代板溪群变质岩系风化的残积物和坡积物。由于岩浆的浸入活动使整个山区呈北东—南西的岩浆出露。区内岩石有变余砂岩、细砂岩、砂质和粉砂质板岩、千枚岩。此外,尚有各种基性和超基性的岩浆岩,由于岩石产状和岩性的不同,抗风化能力的差异和流水的侵蚀切割,造成梵净山山区地形崎岖陡峻,局部基岩裸露,一般土层浅薄,多具夹棱角状大小石砾,表现出明显的山地土壤特点。

（五）人为因素

在自然因素中，除了母质和气候，还有地质地貌、植被、生物等因素影响着土壤的形成。在人为因素中，人类的生产活动对土壤有很大的影响。一方面，梵净山山区周围的山麓地带，其土壤的形成发育受到人为因素的作用较强，特别是在人们的生产活动中，修梯田梯土，耕作施肥，使该区形成和发育着农业土壤（旱地和稻田）；另一方面，由于砍伐森林和放火烧山造成水土流失，使该区土壤资源受到一定程度的破坏。

二、梵净山土壤垂直及水平分布特征

梵净山位于贵州省东北部的铜仁市，为贵州东部武陵山脉主峰，也是梵净山国家级自然保护区的核心地带。梵净山地质历史悠久，地质地貌发育良好，含有多种矿藏资源。气候属于中亚热带山地湿润气候，雨水充沛，热量不高，相对湿度在80%以上，有利于土壤的脱硅富铝化作用，梵净山山区土壤以黄壤为主。气候具有较为明显的中亚热带季风山地湿润气候特征，水热资源丰富，气候垂直变化多样。梵净山山区成土母质由于流水侵蚀切割，局部基岩裸露，一般土层多夹带具棱角的大小石砾，从而使梵净山山区土壤呈现出明显的山地土壤特点。由于随地势抬升而造成的生物气候条件的差异，土壤类型垂直分布亦显出明显的规律性：海拔500（600）m以下是山地黄红壤；海拔500（600）～1400（1500）m为山地黄壤；海拔1400（1500）～2000 m为山地黄棕壤；海拔2000～2200（2300）m为山地暗色矮林土；海拔2200（2300）m以上为山地灌丛草甸土。

从土壤类型的数量而言，分布面积最大的是山地黄壤、黄棕壤，其次为山地黄红壤，最少的是山地暗色矮林土、山地灌丛草甸土。从质量来看，土壤有机层普遍较厚且含量较高，相应的全量氮、磷含量较高，但速效养分含量较低。从土壤机械组成看，砂粒和粉砂粒级含量高，黏粒含量少，土壤抗蚀力弱，但森林植被覆盖率较高。

三、梵净山植被垂直分布规律

梵净山山区是我国西南高原东部向华中西部丘陵、山地过渡的地区，这一地区植被的垂直分布反映出自然环境的综合因素及植物本身的生产潜力。

（1）植被垂直带分布规律。梵净山山麓海拔一般为590 m，至凤凰山顶海脚2570.5 m，相对高差约2000 m，因而具有较明显的垂直分异。其垂直带结构在1300 m以下为常绿阔叶林带，1300～1900 m为常绿落叶阔叶混交林带，1900～2100 m为落叶阔叶林带，2100～2300 m为亚高山针叶林带，2350.0～2570.5 m为亚高山灌丛草甸带。

（2）垂直带与地形、水热条件的差异。梵净山脉为东北—西南定向，其支脉则为东西或西北。由于山脉定向不同，光照、蒸发量也就不同。冬半年受北方寒冷气流影响不同，因而水热条件有较大差异，可以说是受到季风气候与地形变化的双重作用。首先，表现在基带群落类型的不同。东侧南坡无小叶青冈栎群落，西侧北坡小叶青冈栎群落分布可达1500 m，东侧北坡仅分布到1300 m。其次，常绿落叶阔叶混交林带的水青冈群落，上部以亮叶水青冈群落占优势。东侧南坡水青冈群落分布于1100～1900 m，以亮叶水青冈群落占优势。东侧北坡1900～2000 m的落叶阔叶林带，分布有米心水青冈群落，为分布海拔最高的一类水青冈群落，在南坡则未见分布。落叶阔叶林带上部，南坡出现常绿的黔稠群落。在亚高山针叶林带南坡分布的是刺叶冬青群落,而在北坡才出现梵净山冷杉、铁杉群落。

由于水热条件的变化,导致群落的分布有以下几种不同的生境:常绿阔叶林的代表群落栲树、小红栲与小叶青冈栎群落喜暖湿生境;黔稠群落则喜干暖生境;而巴东栎群落喜干温生境;常绿落叶阔叶混交林的代表群落小青叶冈栎、水青冈群落喜干温生境;水青冈群落则喜温湿生境。

梵净山植被分布还受到岩性与地质构造的影响,在山体上部尤为明显。如锯齿山—烂茶顶—白云寺一线,是轻变质砂岩的单面山,轻变质砂岩有利于喜湿植物的生长。单面山陡坡面与缓坡面的植被类型也不相同。在陡坡面又系北坡,局部地段还有地下水浸出,为喜阴湿寒冷的梵净山冷杉、铁杉创造了特殊的生境。而单面山的经坡面,岩石大量裸露且上层浅薄,雨水易顺坡流走,不利于梵净山冷杉、铁杉生长,上部只有刺叶冬青与冷箭竹灌丛可以适应。

四、梵净山国家级自然保护区的植被评价

(一)森林植被是整个生态系统的核心

梵净山的森林植被类型多样,各种森林植被面积共为 29 786 km^2,在整个自然保护区38 743 km^{2}的面积中占 76.9%。各种不同类型的密林植被有其各自生长、发育的自然环境,林内栖息着各种不同的动物、微生物。据初步统计,仅兽类就有 57 种之多。森林植被连同在林中栖息的动物、微生物与自然环境构成了梵净山森林生态系统。在这个系统中,构成森林植被的绿色植物就是生产者,它们在整个生态系统的能量流动与物质循环的过程中起着重要的作用。同时,森林植被在自然界中所发挥的生态作用,形成了特殊的森林群落内环境,成为动物、微生物赖以生存的环境。一旦森林植被被破坏而消失,森林群落环境也会随之变化,林中栖息的动物在变化了的环境之中再也不能继续生存,必将发生迁移或死亡,整个生态系统原有的链环关系将受到破坏,从而使原有的森林生态系统发生演替,变成其他性质的系统。那时,以亚热带森林生态系统和黔金丝猴、珙桐为主要保护对象的梵净山国家级自然保护区将不复存在,所以森林植被在梵净山国家级自然保护区这一生态系统中处于一个核心的地位。因此,认真保护梵净山的森林植被,使山中林木免遭砍伐、山火等的破坏,并促进其自然更新,使整个生态系统保持动态平衡的稳定状态,是自然保护区最重要的工作。

(二)种类组成丰富的植被是资源植物宝贵的"基因库"

组成梵净山植被的植物种类极其丰富。在形形色色的植物种类中有许多是具有重要经济价值的资源植物,如重要的用树树种杉木、松、毛竹,贵重木材樟木、楠木、红椿,硬质木材栲、石栎、青冈栎等,可供多种用途。芳香油植物如山苍子、木姜子、山胡椒、樟、川桂皮、竹叶椒等的枝叶可提取贵重的芳香油。南方红豆杉、水青冈、灯台树、黑壳楠的种子含有丰富的油脂,是良好的工业用油,有的还可食用。药用植物更是繁多,其中珍贵的如祛风镇静、降血压的天麻;可提取抗癌物质的三尖杉;止血散瘀、生血补血的三七;消炎解毒、专治无名肿毒的七叶一枝花(独角莲);补气润肺、生津止渴的玉竹、卵叶党参;清胆实火、解毒除湿的龙胆;治跌打损伤的八爪金龙、四块瓦;清热解毒的黄连、金银花;止吐化痰的葫芦;等等。

第四章 梵净山土壤性状特征

目前,我国国内的土壤分类主要依据土壤学者道库恰耶夫的土壤地带性学说,这在大范围的水平带上,不论从生物气候带和土壤属性上都较为吻合,但在中、小尺度的范围内,特别是垂直带上生物气候条件常常与土壤属性不能吻合。一方面,是由于母岩特性和地貌条件所决定;另一方面,则暴露出用属性对土壤进行分类的工作做得还不够全面。至今为止,尚没有完整的资料来说明各类土壤的属性指标,这就给土壤分类带来一定的困难,致使造成以土壤地带性代替土壤分类。

本书试以土壤属性和垂直生物气候带相结合的方法,阐明梵净山土壤类型及其分布规律。但纵观梵净山土壤的剖面形态和分析数据,除山地灌丛草甸土外,各类型土壤虽有差别,但差异并不明显,如均属酸性土壤,pH 值 3.5 ~ 5.0,盐基饱和度均 <30% ,交换酸中均以交换性铝占优势,黏粒均稍有下移,但不明显。在森林覆盖下的土壤有机质和养分元素均很丰富。若以水平带上的土壤性状作为参考数据来划分土类,因相差悬殊,亦无法用于本区山地土壤参考。例如黄棕壤,本区山地黄棕壤 <30% ,且盐基组成、交换性铝、有机质含量、地球化学特征和黏化率等均与黄壤十分一致,却与水平带上的黄棕壤有明显区别。因此,按土壤属性则应分为黄壤,按土温从黄壤中划出凉性黄壤亚类。按土壤形成的生物气候条件和利用方向,为与水平带上的黄棕壤相区别,根据其丰富的有机质含量及其他特性,则可从黄棕壤中划分出暗黄棕壤亚类。

一、主要土壤类型的分布区域

(一)主要土壤类型

根据野外土壤调查和对采集土壤样本的室内分析结果,在查阅相关文献的基础上,按照中国土壤分类和贵州省土壤分类系统,梵净山的土壤可分为 3 个土纲、4 个亚纲、4 个土类、4 个亚类、7 个土属(见表 4 - 1)。

表 4 - 1 梵净山土壤类型

土 纲	亚 纲	土 类	亚 类	土 属
半水成土	淡半水成土	山地灌丛草甸土	山地灌丛草甸土	山地灌丛草甸土
淋溶土	湿暖淋溶土	黄棕壤	黄棕壤	铁质黄棕壤
				硅铝质黄棕壤
铁铝土	湿热铁铝土	黄 壤	黄 壤	铁质黄壤
				硅铝质黄壤
	湿暖铁铝土	红 壤	黄红壤	铁质黄红壤
				硅铝质黄红壤

（二）主要土壤类型分布特征

对梵净山土壤类型的划分,历来采用土壤属性和垂直生物气候带相结合的方法,来表述梵净山土壤类型及其分布规律。汪汾、邹国础等于1958年、1965年分别对梵净山的土壤进行过调查,表明区域分布面积最多的是山地黄壤和暗黄棕壤。梵净山从山麓到山顶,随着山体海拔的升高,空气散热快,温度逐渐降低,降水及空气湿度增加,产生了生物气候的垂直分布差异,从而形成了各种山地土壤,并规律地排列成山地土壤垂直带谱。它们的发生和分布是在水平地带性的基础上发展的,由于水平地带性与垂直地带性有着密切的关系,虽与其所在地理纬度以北的水平地带性土类有略相似之处,但因水热条件、植物群落、地形及母质等特性,因而也有别于相应的水平地带性土壤。

在野外调查和室内化学分析结果的基础上,比较了梵净山垂直梯度上土壤剖面特征和理化性质,得出在不同海拔高度上土壤属性是不同的。但是由于从山麓到山顶不论成土条件还是土壤属性都是渐变的,除山顶和山麓的土壤明显不同外,其中间地段在垂直梯度上往往具有过渡性,而目前就贵州省乃至全国在山地土壤分类上均缺乏明确的具体指标,因此对土壤类型的划分不可避免地具有主观性和片面性。

梵净山土壤不仅具有前文所述明显的垂直分布规律,而且还受地形地貌和大气环流的影响,而导致东西水热条件的差异,表现在同一土壤类型的分布上限发生变化,主要表现为东南坡比西北坡一般要低约100 m。

二、山地黄红壤

（一）山地黄红壤概述

黄红壤是地带性红壤向黄壤过渡类型的土壤。黄红壤分布地区的水湿条件不像红壤地区那样有明显的旱雨季之分,总的热量条件较红壤地区差。因此,在土壤的生成发育过程中,不仅进行着脱硅富铝化作用,而且还进行着一定的黄化作用,即氧化铁水化为褐铁矿和针铁矿,而使土体呈现出明显的黄红色色调。梵净山区山地黄红壤亦同样具有上述特点。此类土壤在梵净山山区所占面积不大,集中分布在海拔500(600) m以下低山丘陵一带。它的位置处于贵州黄红壤的分布上限,尽管如此,其水热条件仍优于山地黄壤。因此,表现在农事季节上早于山地黄壤,同时表层有机质的累积较山地黄壤低。又由于该区所处地势低缓,故而受到人类活动影响较深,人们进行开垦耕种,使原始植被多遭砍伐,以次生针叶阔叶混交林代之,致使土壤受到一定程度的破坏。在自然林地下土壤特征表现为土壤剖面厚度可达1 m,层次发育良好。因有机质分解大于积累,故其含量较该区其他土壤都低。除表层外其余层次颜色以黄红色和红黄色为主,呈酸性反应,pH值多在5以下,盐基饱和度也较低,质地比较黏重。山地黄红壤剖面特征(见图4-1)表现为:

母质:变质砂页岩坡积物;

植被:马尾松、杉、甜槠、毛竹、铁芒箕等;

地形:丘陵坡脚;

0~1 cm,半分解的枯枝落叶;

1~11 cm,黄棕色,碎块结构,干而硬,质地轻壤,多草根,pH值为4.8;

11~25 cm,红黄色,小块状结构,土体轻松,质地中壤,多树根,pH值为5.0;

25~52 cm,红黄色,大块状结构,少量粗根,质地中黏,夹石砾碎片,pH 值为 5.0;

52~100 cm,橙色,质地轻黏,夹多量母岩碎石,pH 值为 5.1。

图 4-1　山地黄红壤培面

(二)山地黄红壤性状特征

受土壤母质特征的影响,由于所处区域生物气候条件的差异,在不同的水热条件下,母质风化程度发生了强弱的差异,山地黄红壤大部分均为轻黏土,A 层土壤中粒径<0.01 mm 的物理性黏粒占 50%左右,各粒级机械组成中普遍以粒径<0.001 mm 的颗粒含量高。山地黄壤 A 层土壤的机械组成中,各粒级土壤的含量随海拔的增加可以看出具有一定的递增规律(见表 4-2)。山地黄红壤呈酸性反应,pH 值集中在 5.2 左右。表层土壤的阳离子交换量最低为 6.48 cmol/kg,最高为 11.23 cmol/kg,山地黄红壤物理性质见表 4-2。

表 4-2　山地黄红壤物理性质

编　号	海拔/m	pH值	土壤阳离子交换量/(cmol·kg⁻¹)	机械组成/%						物理性黏粒/%
				1~0.25 mm	0.25~0.05 mm	0.05~0.01 mm	0.01~0.005 mm	0.005~0.001 mm	<0.001 mm	<0.01 mm
1	513	5.97	6.48	2.46	15.24	31.00	7.00	21.00	23.30	51.30
2	553	5.49	11.23	15.97	15.28	21.74	11.39	20.71	14.91	47.01
3	547	5.20	8.46	19.18	11.90	19.26	17.12	11.77	20.76	49.66
4	546	5.18	9.46	11.52	25.45	8.35	5.22	25.04	24.42	54.68

续表

编　号	海拔/m	pH值	土壤阳离子交换量/(cmol·kg^{-1})	机械组成/%						物理性黏粒/%
				1~0.25 mm	0.25~0.05 mm	0.05~0.01 mm	0.01~0.005 mm	0.005~0.001 mm	<0.001 mm	<0.01 mm
5	546	5.16	10.05	15.24	4.72	21.23	12.74	25.48	20.59	58.81
6	546	5.16	9.57	16.35	6.09	16.68	16.68	22.94	21.27	60.89

　　山地黄红壤有机质及养分含量如表4-3所示，有机质含量集中在25 g/kg左右，其养分含量中，全氮含量普遍大于2 g/kg，全磷含量普遍大于0.050 g/kg，全钾含量变化差异较大。由于梵净山地区植被覆盖度高，枯枝落叶腐烂成土，腐殖质普遍提高了土壤中有机质及养分含量。

　　在全量养分高的条件下，土壤养分有效性含量也普遍较高，其中碱解氮含量范围在77~233 mg/kg之间，速效钾含量介于50~192 mg/kg之间，有效磷含量介于12~18 mg/kg之间，具体情况见表4-3。

表4-3　山地黄红壤化学性质

编　号	海拔/m	有机质/(g·kg^{-1})	全氮/(g·kg^{-1})	碱解氮/(mg·kg^{-1})	全钾/(g·kg^{-1})	速效钾/(mg·kg^{-1})	全磷/(g·kg^{-1})	有效磷/(mg·kg^{-1})
1	513	6.62	1.33	77.77	4.00	50.00	0.485	17.325
2	553	32.24	2.82	232.62	3.389	191.70	0.075	16.530
3	547	26.79	2.28	168.84	1.240	117.90	0.062	15.295
4	546	21.68	2.15	195.10	0.356	175.09	0.076	17.325
5	546	23.08	2.13	232.62	0.318	147.42	0.070	12.528
6	546	20.55	2.16	176.34	7.123	125.28	0.051	14.188

　　对山地黄红壤中SiO_2、TiO_2、Al_2O_3等含量水平进行分析，以探究土壤中矿质元素组成特征（见表4-4）。山地黄红壤中硅含量（以SiO_2计）范围在381~584 g/kg之间，钛含量（以TiO_2计）在5~11 g/kg之间，铝含量（以Al_2O_3计）在85~158 g/kg之间。

表4-4　山地黄红壤矿质元素特征

编　号	海拔/m	全硅（以SiO_2计）/(g·kg^{-1})	全钛（以TiO_2计）/(g·kg^{-1})	全铝（以Al_2O_3计）/(g·kg^{-1})
1	553	493.62	6.92	130.69
2	547	583.20	7.03	144.11
3	546	476.46	10.04	157.82
4	546	381.89	5.39	85.72
5	546	567.49	8.13	144.74

三、山地黄壤

（一）山地黄壤概述

　　山地黄壤集中分布在梵净山区海拔1400（1500）m以下区域，地貌类型多为低中山和低山峡谷，地形坡度除西坡稍缓外,一般多在35°以上,母质类型主要是各种变余砂岩的坡积残积物,植被类型以原生常绿阔叶林为主,局部地区受到破坏。气候特点是冬无严寒、夏无酷热,空气温度较高。土壤形成发育中,除具一般富铝化作用外,还进行着明显的黄化作用。土壤剖面具有明显的发生层次,土层厚薄随地区而异,一般在80 cm左右,有的不足40 cm。土壤剖面表层常有1~2 cm的未分解和半分解的枯枝落叶层,腐殖质层10~20 cm,含量可达10%以上,根系多。心土层一般在20~40 cm,块状结构,以黄色为显著特点(见图4-2)。母质层亦为黄色,常夹母岩碎块,山地黄壤坡面特征表现为以下几点:

母质:变余砂岩坡积物;

植被:杉、马尾松、蔗类等;

地形:低中山坡腰;

0~1 cm,为半分解和未分解的枯枝落叶;

1~8 cm,暗棕灰色,粒状结构,多根系,质地重壤,pH值为4.2;

8~12 cm,为暗黄棕色,碎块结构,多根系,质地重壤,pH值为4.2;

12~35 cm,淡黄棕色,大块状结构,粗根多,质地重壤,pH值为4.7;

35~70 cm,黄色,整体结构,质地轻黏,夹半风化母岩碎块,pH值为5.2。

从山地黄壤剖面的土壤性状特征可看出该区山地黄壤的主要性质表现为酸性反应,且以活性铝为主,盐基饱和度低,全量氮和磷的活性随土壤有机质的多少而增减,故在土层30 cm内是较高的。

图4-2　山地黄壤剖面

（二）山地黄壤性状特征

山地黄壤土为酸性特征，在垂直纵面上土壤 pH 值从表层土至心土层逐渐增大，酸性减弱，表层土的阳离子交换量明显偏高。山地黄壤土壤质地主要为重壤，剖面结构上各粒级土壤所占比重以粒径 0.05 ~ 0.01 mm、粒径小于 0.001 mm 的颗粒为主，同一海拔处不同采样深度下，这 2 种粒径的总占比达 50% ~ 60%（见表 4 - 5）。物理性黏粒 <0.01 mm 的含量占 50% 以上。

山地黄壤中有机质和养分含量在剖面上表现为表土层含量大于心土层，有从表土层向心土层递减的特征，表土层累积大量腐殖质，养分聚集，尤其明显的是有机质、全氮含量差异明显，表土层含量接近心土层的 7 ~ 10 倍（见表 4 - 6）。

土壤中硅、钛含量由表土层向心土层递增，这与成土规律相一致，铝在剖面上未表现出一定规律性，处于成土中间部分的土层铝含量略低（见表 4 - 7），而铝在各层土壤中含量较接近，含量水平在 137 ~ 150 g/kg 之间，略显差异。

表 4 - 5　山地黄壤典型剖面土壤物理性质（海拔 1371 m）

采样深度/cm	pH 值	土壤阳离子交换量/(cmol·kg^{-1})	机械组成/%						物理性黏粒/%
			1 ~ 0.25 mm	0.25 ~ 0.05 mm	0.05 ~ 0.01 mm	0.01 ~ 0.005 mm	0.005 ~ 0.001 mm	<0.001 mm	<0.01 mm
0 ~ 12	4.55	13.20	4.50	14.50	32.00	10.00	17.00	22.00	49.00
12 ~ 35	4.89	4.48	2.27	7.43	25.00	11.00	20.00	34.30	65.30
35 ~ 110	5.15	7.01	1.50	10.20	23.00	16.00	28.00	21.30	65.30

表 4 - 6　山地黄壤典型剖面化学性质（海拔 1371 m）

采样深度/cm	有机质/(g·kg^{-1})	全氮/(g·kg^{-1})	碱解氮/(mg·kg^{-1})	速效钾/(mg·kg^{-1})	全钾/(g·kg^{-1})	有效磷/(mg·kg^{-1})	全磷/(g·kg^{-1})
0 ~ 12	67.64	2.80	205.74	170.00	1.70	15.69	0.15
12 ~ 35	10.84	0.71	58.68	66.00	1.60	8.10	0.12
35 ~ 110	8.94	0.46	26.87	52.00	1.72	7.93	0.11

表 4 - 7　山地黄壤典型剖面矿质元素特征（海拔 1371 m）

采样深度/cm	全硅（以 SiO$_2$ 计）/(g·kg^{-1})	全钛（以 TiO$_2$ 计）/(g·kg^{-1})	全铝（以 Al$_2$O$_3$ 计）/(g·kg^{-1})
0 ~ 12	381.93	4.89	149.94
12 ~ 35	368.25	6.42	137.18
35 ~ 110	437.95	7.45	143.99

山地黄壤土壤 pH 值在 3.81 ~ 6.41 之间，土壤阳离子交换量含量变幅较大，最大值与最小值之间的差异达 10 倍，机械组成中，以粒径 0.05 ~ 0.01 mm 的颗粒含量高，最多的占 54%，粒径小于 0.01 mm 的物理性黏粒约占 50%（见表 4 - 8）。物理性质在三个四分位点数上分布的差异性明显。可见土壤间物理性质特征的差异不呈规律均匀分布。

土壤化学性质特征中，有机质、全氮、全钾、全磷的含量在最大值与最小值之间均匀分布，各数值差异相当(见表 4-9)。而养分中有效态含量则具有一定的差异性,50% 的样本中碱解氮含量低于 203 mg/kg;速效钾偏于高含量聚集,50% 的样本含量高于 71.5 mg/kg;土壤中有效磷含量 <20 mg/kg 的占 50%。

表 4-8 山地黄壤物理性状特征(样本数 32 个)

指标	四分位点数	pH 值	土壤阳离子交换量/(cmol·kg⁻¹)	机械组成/%						物理性黏粒/%
				1~0.25 mm	0.25~0.05 mm	0.05~0.01 mm	0.01~0.005 mm	0.005~0.001 mm	<0.01 mm	
平均值		4.97	11.93	5.17	14.35	23.27	15.75	20.96	20.50	
最小值		3.81	3.27	0.50	2.22	6.00	8.00	10.00	6.00	
最大值		6.41	37.69	27.48	35.89	54.00	22.50	35.00	37.00	
四分位点数	25	4.56	7.06	1.53	8.47	16.00	11.25	18.00	16.73	
	50	4.90	9.76	2.39	12.09	22.25	16.00	19.75	19.30	
	75	5.19	14.60	6.75	18.72	26.75	19.00	25.00	24.10	

表 4-9 山地黄壤化学性质(样本数 26 个)

指标	百分位点数	有机质/(g·kg⁻¹)	全氮/(g·kg⁻¹)	碱解氮/(mg·kg⁻¹)	速效钾/(mg·kg⁻¹)	全钾/(g·kg⁻¹)	有效磷/(mg·kg⁻¹)	全磷/(g·kg⁻¹)
样本数		26.00	26.00	26.00	26.00	26.00	26.00	26.00
平均值		38.89	3.07	221.67	86.37	3.76	38.60	0.32
最小值		6.13	0.46	26.87	31.00	1.60	5.34	0.12
最大值		73.43	9.94	594.59	200.00	6.05	53.49	0.69
百分位点数	25	10.80	1.21	75.30	49.00	2.80	11.90	0.18
	50	28.38	2.72	203.97	71.50	3.98	19.66	0.27
	75	58.30	3.98	289.52	118.75	4.95	55.55	0.44

表 4-10 山地黄壤矿质元素特征(样本数 16 个)

指标	四分位点数	全硅(以 SiO_2 计)/(g·kg⁻¹)	全钛(以 TiO_2 计)/(g·kg⁻¹)	全铝以(Al₂O₃ 计)/(g·kg⁻¹)
平均值		279.02	6.62	78.36
最小值		3.27	0.88	3.20
最大值		619.76	24.47	155.37
四分位点数	25	10.90	4.75	9.89
	50	331.17	6.77	108.53
	75	543.88	7.69	140.26

四、山地黄棕壤

(一)山地黄棕壤概述

山地黄棕壤集中分布在该区海拔 1400(1500)~2000 m 之间,原生植被保存尚好,植被类型以常绿落叶阔叶混交林为主,林下兼有大箭竹。地貌类型以中山峡谷为主。母质类型多为变余砂岩的残积坡积物。在温凉湿润的气候条件下,土壤形成特点是有比山地黄壤还弱的富铝化作用。从土壤的机械组成来看,粒径小于0.01 mm物理性黏粒达30%~60%;但黏粒含量显然不高,一般只有4%~11%,可见土坡原生铝硅酸盐矿物的酸性水解作用并不强。土壤深度多在1 m以内,其有机质的积累强于山地黄壤,除表层呈黄褐色外,其下为明显的黄棕色。全剖面呈酸性反应,pH值在4~5之间。代换量在该区土壤中是最高的,这可能与有机质的含量较高有关,但盐基饱和度较低。山地黄棕壤典型剖面(见图4-3)特征描述如下:

植被:黔楠、巴东栎、亮叶水青冈及大箭竹;

地形:中山山脊缓坡;

0~3 cm,半分解和未分解的枯枝落叶;

3~13 cm,黑棕色,粒状结构,多细根,质地中壤,pH值为3.6;

13~23 cm,暗黄棕色,碎块结构,多根系,质地中壤,pH值为3.8;

23~45 cm,淡黄棕色,大块状结构,根少而紧实,质地重壤,pH值为4.4;

45~70 cm,淡黄棕色,整体结构,夹母岩碎块,质地重壤,pH值为5.8;

70 cm以下为基岩(变质砂岩)。

图4-3 山地黄棕壤剖面

(二)山地黄棕壤性状特征

高海拔地区的山地黄棕壤一般植被覆盖度较高,残留大量枯枝落叶腐殖质层,表土层土壤疏松,土壤多为重壤土,由于质地黏重,热量释放低,土壤中养分散失率小,表层土壤中有机质和养分含量较高。由表土层向心土层纵深,pH 值由 4.37 增大到 5.50,阳离子交换量由 23.32 cmol/kg 减少到 7.29 cmol/kg。因山地黄棕壤分布区域海拔高,森林保护好,林下机械淋溶作用弱,黏粒含量从上而下的变化不大,质地比较均匀,土壤机械组成中粒径 1~0.25 mm 的颗粒含量很少,仅占 1%~2%,粒径小于 0.001 mm 的颗粒含量偏高(见表 4-11)。

因森林保护好,山地黄棕壤的自然肥力很高,剖面上土壤有机质含量在 17~98 g/kg 之间,有机质和养分含量在剖面上均表现为从表土层向心土层迅速降低的趋势(见表 4-12)。

土壤中硅、钛、铝等矿质元素在剖面上的变化特征表现为从表土层向心土层递增的趋势,且这种递增趋势明显,与土壤发生形成过程相应,心土层土壤性质与母岩更接近(见表 4-13)。

表 4-11　山地黄棕壤典型剖面物理性质(海拔 1710 m)

采样深度/cm	pH 值	土壤阳离子交换量/(cmol·kg⁻¹)	机械组成/%						物理性黏粒/%
			1~0.25 mm	0.25~0.05 mm	0.05~0.01 mm	0.01~0.005 mm	0.005~0.001 mm	<0.001 mm	<0.01 mm
0~13	4.37	23.32	2.26	17.44	26.00	13.00	19.00	22.30	54.30
13~54	5.08	13.58	1.26	13.74	41.00	14.00	17.00	13.00	44.00
55~80	5.50	7.29	1.39	33.61	6.00	19.00	23.00	17.00	59.00

表 4-12　山地黄棕壤典型剖面化学性质(海拔 1719 m)

采样深度/cm	有机质/(g·kg⁻¹)	全氮/(g·kg⁻¹)	碱解氮/(mg·kg⁻¹)	速效钾/(mg·kg⁻¹)	全钾/(g·kg⁻¹)	有效磷/(mg·kg⁻¹)	全磷/(g·kg⁻¹)
0~13	97.60	7.89	488.54	200.00	3.80	91.73	0.66
13~54	64.61	4.12	329.46	220.00	3.30	22.44	0.23
55~80	17.00	1.31	91.20	90.00	3.15	14.14	0.13

表 4-13　山地黄棕壤典型剖面矿质元素特征(海拔 1719 m)

采样深度/cm	全硅(以 SiO_2 计)/(g·kg⁻¹)	全钛(以 TiO_2 计)/(g·kg⁻¹)	全铝(以 Al_2O_3 计)/(g·kg⁻¹)
0~13	301.26	3.99	120.02
13~54	517.43	7.46	114.47
55~80	577.00	8.46	150.50

山地黄棕壤的土体中存在黏粒移动和累积现象,但较黄壤、红壤弱,如表 4-14 所示。山地黄棕壤机械组成中,以粒径 <0.01 mm 的物理性黏粒含量居多,且在粒径为 0.010~0.005 mm、0.005~0.001 mm 间黏粒含量相当,均占 20% 左右,可见山地黄棕壤由于淋溶作用影响的机械组成变化不明显。

山地黄棕壤有机质含量偏高,由于区域分布微环境变化明显,植被分布差异大,有机质含量变化幅度大,在 13~146 g/kg 之间(见表 4-15),各样本间具有明显差异。山地黄棕壤硅含量在 3~620 g/kg 之间(见表 4-16),由于成土过程中微区域环境的差异,导致土壤剖面上矿质元素含量相差较大。

表 4 - 14　山地黄棕壤物理性质(样本数 14 个)

指　标	四分位点数	pH 值	土壤阳离子交换量/(cmol·kg⁻¹)	机械组成/%						物理性黏粒/%
				1～0.25 mm	0.25～0.05 mm	0.05～0.01 mm	0.01～0.005 mm	0.005～0.001 mm	<0.01 mm	<0.01 mm
平均值		3.16	14.87	17.79	20.27	16.45	21.43	20.90	14.87	
最小值		0.63	0.33	3.53	6.00	11.50	16.55	13.00	0.33	
最大值		7.23	45.42	33.61	41.00	23.00	30.00	27.59	45.42	
四分位点数	25	1.44	10.34	13.24	14.89	13.75	19.65	16.99	10.34	
	50	2.80	13.52	17.23	20.45	16.34	20.95	21.15	13.52	
	75	4.21	15.73	21.25	23.50	19.00	23.00	24.48	15.73	

表 4 - 15　山地黄棕壤化学性质(样本数 13 个)

指　标	四分位点数	有机质/(g·kg⁻¹)	全氮/(g·kg⁻¹)	碱解氮/(mg·kg⁻¹)	速效钾/(mg·kg⁻¹)	全钾/(g·kg⁻¹)	有效磷/(mg·kg⁻¹)	全磷/(g·kg⁻¹)
平均值		60.40	3.73	320.21	113.54	4.27	23.84	0.29
最小值		17.00	1.31	91.20	26.00	2.25	8.62	0.13
最大值		145.63	7.89	488.54	220.00	6.70	91.73	0.66
四分位点数	25	27.11	2.16	179.23	57.50	3.23	15.66	0.20
	50	58.79	4.09	329.46	120.00	3.80	18.79	0.26
	75	74.06	4.68	440.78	162.50	5.55	22.32	0.32

表 4 - 16　山地黄棕壤矿质元素特征(样本数 16 个)

指　标	四分位点数	全硅(以 SiO₂ 计)/(g·kg⁻¹)	全钛(以 TiO₂ 计)/(g·kg⁻¹)	全铝以(Al₂O₃ 计)/(g·kg⁻¹)
平均值		279.02	6.62	78.36
最小值		3.27	0.88	3.20
最大值		619.76	24.47	155.37
四分位点数	25	10.90	4.75	9.89
	50	331.17	6.77	108.53
	75	543.88	7.69	140.26

五、山地暗色矮林土

(一)山地暗色矮林土概述

　　山地暗色矮林土分布在梵净山海拔 2000～2200(2300) m 之间,受地形及水热条件差异的影响,其分布上限常与山地灌丛草甸土呈犬牙状交钳分布。该区生物气候特点是风大且冷湿;矮林植被树干高

3~4 m,胸径一般在 20 cm 左右,枝干上生着长达 20 cm 的须状苔藓。迎风坡以落叶阔叶占优势,而避风的山凹处还可出现常绿成木如杜鹃类,林下混生箭竹。母质类型为变余砂岩、粉砂质板岩及少量白岗石等的残积坡积物。土层较薄,表层有机质含量比该区山地黄棕壤和山地灌丛草甸土都低,虽随剖面深度增加而降低,但在其下层次(40~70 cm)仍含量较高。这是因为有机质的高度分散和向下渗浸染,而使整个土体剖面呈现明显的暗棕色。该土壤全剖面呈酸性反应,pH 值在 4.5~5.2 之间,盐基饱和度<30%,阳离子交换量除表层稍高外,其他层次都较低,一般每 100 g 土含 20 mg 左右。

除上述特点外,在其他性状上也表现出与该区山地黄棕壤有别,同时也显然不同于山地灌丛草甸土。

从土壤黏粒(粒径小于 0.001 mm)看,山地暗色矮林土低于山地黄棕壤,但高于山地灌丛草甸土;而物理性黏粒量的变化亦有向上趋势。不难看出,它们三者在成土过程中铝硅酸盐矿物的风化程度是不同的。山地暗色矮林土的有机质显然比其他两者都低。但从在土层中的分布深度和数量来看,又均比其他两者显著加深和增加。从代换量来看,山地暗色矮林虽低于山地黄棕壤而与山地灌丛草甸土近似,但由于盐基总量与山地黄棕壤近似,所以盐基饱和度显然高于山地黄棕壤。综上所述,不难看出三者在风化成土过程中是各有其不同特点的。本书编者现以采自金顶九龙池北面的山地暗色矮林土剖面为例描述特征如下:

母质:变余砂岩、细砂质板岩坡积残积物;

植被:黔稠、杜鹃、箭竹;

地形:中山缓坡;

0~2 cm,为未分解和半分解的枯枝落叶;

2~12 cm,暗灰棕色,粒状结构,松散,质地轻壤,多根系,pH 值为 4.1;

12~40 cm,灰棕色,大块结构,根系少,质地中壤,较紧实,pH 值为 4.6;

40~70 cm,黄棕色,紧实夹母岩碎块,少根,整体结构,pH 值为 4.8。

(二)山地暗色矮林土性状特征

梵净山山地暗色矮林土剖面在垂直结构上由表土层向心土层递减,pH 值由 4.1 增大到 4.8,阳离子交换量在 10~40 cm 的熟化土层含量较表土层和心土层高,土壤机械组成中以粒径大于 0.01 mm 的颗粒居多(见表 4-17)。土壤质地为壤土,由于植被多为根系比较发达的低矮灌木和高山乔木,表土层大多贯穿植物发达根系,土壤疏松,表土层土壤机械组成以物理性黏粒为主,且表土层土壤中有机质含量丰富,0~13 cm 内的表土层土壤中有机质含量可以达 81~106 g/kg,此外表土层的氮、磷、钾等养分含量亦十分充足(见表 4-18)。主要是山地暗色矮林土分布区域海拔高,植被茂密,低矮的灌木草丛覆盖下,土壤受淋溶作用的影响小,长年累积的枯枝草芥堆积成相当厚的腐殖质层,在成土过程中不断蓄积养分。

土壤矿质元素在剖面上的特征表现为从表土层向心土层递增的趋势,土壤中硅含量高,接近 50%(见表 4-19)。山地矮林土高海拔条件下,母岩分化成土的过程较低海拔区域快,而土壤形成过程受自然淋溶等外部因素影响小,土壤矿质元素性质更贴近母岩性质。

表 4 - 17 山地暗色矮林土典型剖面物理性质

海拔/m	采样深度/cm	pH 值	土壤阳离子交换量/(cmol·kg⁻¹)	机械组成/%						物理性黏粒/%
				1~0.25 mm	0.25~0.05 mm	0.05~0.01 mm	0.01~0.005 mm	0.005~0.001 mm	<0.001 mm	<0.01 mm
2039	0~13	4.12	10.25	9.81	22.57	18.90	12.60	21.00	15.12	48.72
	13~35	4.55	11.62	12.59	18.90	18.57	10.32	22.70	16.92	49.94
	>35	4.75	9.02	11.31	57.26	14.47	3.10	3.10	10.75	16.96
2155	2~12	3.68	18.65	25.68	28.41	18.61	12.41	6.20	8.68	27.29
	12~29	4.08	19.00	10.01	33.48	20.77	18.70	9.35	7.69	35.73
	29~40	4.24	16.32	10.64	23.75	22.42	18.34	11.21	13.65	43.20

表 4 - 18 山地暗色矮林土典型剖面化学性质

海拔/m	采样深度/cm	有机质/(g·kg⁻¹)	全氮/(g·kg⁻¹)	碱解氮/(mg·kg⁻¹)	速效钾/(mg·kg⁻¹)	全钾/(g·kg⁻¹)	有效磷/(mg·kg⁻¹)	全磷/(g·kg⁻¹)
2039	0~13	81.52	7.40	514.02	220	3.17	25.64	0.375
	13~35	15.96	1.57	157.58	70	3.65	23.04	0.006
	>35	11.10	1.19	176.34	55	4.15	15.11	0.031
2155	2~12	105.85	8.01	551.54	140	3.18	19.17	0.431
	12~29	49.32	0.40	457.74	65	2.79	10.68	0.263
	29~40	39.73	3.97	345.18	50	2.39	9.02	0.035

表 4 - 19 山地暗色矮林土典型剖面矿质元素特征

海拔/m	采样深度/cm	全硅(以 SiO₂计)/(g·kg⁻¹)	全钛(以 TiO₂计)/(g·kg⁻¹)	全铝(以 Al₂O₃计)/(g·kg⁻¹)
2039	0~13	400.24	10.05	128.47
	13~35	461.60	10.04	155.97
	>35	607.77	5.46	137.89
2155	2~12	410.40	5.70	141.56
	12~29	583.20	7.03	144.11
	29~40	476.46	10.04	157.82

　　梵净山山地暗色矮林土理化性质见表 4 -20、表 4 -21、表 4 -22 所示。土壤 pH 值平均为 4.20,土壤酸性强,pH 值变化幅度不大,分布在 3.12 ~5.01 之间,土壤阳离子交换量平均含量为 13.50 cmol/kg,主要集中在小于 18.65 cmol/kg 的范围内,土壤机械组成中以粒径 0.05 ~0.25 mm 颗粒为主,约占 22%,其余各粒级土壤颗粒所占比重相当,可见山地暗色矮林土机械组成较均匀,土壤结构性质较接近。土壤化学性质表现为有机质和养分含量高,且样本间性质较接近,有机质含量为 4.55 ~86.84 g/kg,平均值为 41.81 g/kg,四分位点上的数值分布均匀。土壤中硅含量略低于山地黄棕壤,硅含量在 35% ~45% 之间。山地暗色矮林土为梵净山特殊地域条件下的一类山地草甸土细类,且特殊植被覆盖下的土壤有别于山地草甸土性质。

表4-20 山地暗色矮林土物理性状特征(样本数15个)

指 标	四分位点数	pH值	土壤阳离子交换量/(cmol·kg⁻¹)	机械组成/%					物理性黏粒/%
				1~0.25 mm	0.25~0.05 mm	0.05~0.01 mm	0.01~0.005 mm	0.005~0.001 mm	<0.01 mm
平均值		4.20	13.50	10.46	22.15	19.43	14.98	16.47	16.51
最小值		3.12	6.36	1.69	7.45	6.27	3.10	3.10	7.69
最大值		5.01	27.75	25.68	57.26	26.89	19.00	24.00	28.30
四分位点数	25	3.68	9.02	2.98	11.12	15.54	12.60	11.21	13.65
	50	4.24	10.28	10.64	21.71	18.90	16.00	18.81	16.92
	75	4.75	18.65	12.59	28.41	24.00	18.64	21.00	19.06

表4-21 山地暗色矮林土化学性质(样本数19个)

指 标	百分位点数	有机质/(g·kg⁻¹)	全氮/(g·kg⁻¹)	碱解氮/(mg·kg⁻¹)	速效钾/(mg·kg⁻¹)	全钾/(g·kg⁻¹)	有效磷/(mg·kg⁻¹)	全磷/(g·kg⁻¹)
平均值		41.81	4.17	346.91	98.26	3.58	20.05	0.28
最小值		4.55	0.40	44.54	40.00	1.98	6.72	0.01
最大值		86.84	9.79	657.51	220.00	5.40	41.68	0.71
百分位点数	25.00	28.21	2.18	213.86	55.00	2.90	12.59	0.13
	50.00	49.32	3.97	336.71	70.00	3.40	19.17	0.26
	75	79.29	5.74	495.26	140.00	4.15	25.64	0.43

表4-22 山地暗色矮林土矿质元素特征(样本数25个)

指 标	四分位点数	全硅(以SiO₂计)/(g·kg⁻¹)	全钛(以TiO₂计)/(g·kg⁻¹)	全铝(以Al₂O₃计)/(g·kg⁻¹)
平均值		449.82	7.38	145.50
最小值		352.56	3.29	108.04
最大值		618.28	10.05	206.06
四分位点数	25.00	393.83	5.96	131.02
	50.00	446.70	7.22	143.30
	75.00	487.62	8.62	157.40

六、山地灌丛草甸土

(一)山地灌丛草甸土概述

山地灌丛草甸土分布在该区海拔2200(2300)m以上山顶或山脊地带。这里的气候特点是冷凉湿润,晴雨变化无常,冬季常有积雪,夏季又多云雾。植被类型为矮小灌丛(如杜鹃类)、冷箭竹及杂草类,覆盖率可达90%以上。母质类型以变质砂岩、千枚岩、变质砾岩等的残积物为主。在上述生物气候作用下,其成土过程的特点是矿物以物理风化为主,且其风化程度较山脚弱。土壤机械组成中物理性黏粒含量在25%以下,粒径小于0.001 mm黏粒含量也小于8%,这也可说明铝硅酸盐矿物的风化程度是较弱的。从土壤层次的发育来看,土层较薄,且层次发育不全,常常是在腐殖质层下紧接基岩,同时表土层土壤腐殖质含量较高且层次较厚,在积水条件下表土层以下可出现潜育性层次。有机质的积累大于分解,表现出明显的腐殖化过程,是山地灌丛草甸土的显著特点。土壤机械组成中砂粒含量很高,呈强酸性反应,pH值在6以下。梵净山山地灌丛草甸土剖面主要特征有以下几点:

母质:变质砾岩残积物;

植被:杜鹃、冷箭竹及草坡;

地形:山脊平缓处;

0～3 cm,半分解的枯枝落叶;

3～25 cm,黑色,粒状结构,细根密集交织呈网状,质地砂壤,pH值为4.3;

25～38 cm,暗灰色,由于地表积水而发生潜育化作用,结构不明显,多根系,质地轻壤,pH值为4.6;

38～46 cm,暗棕灰色,亦有较多根系,有黄色和褐色的斑块淀积;

46 cm以下为变质砾岩,可见开始风化的砾石。

(二)山地灌丛草甸土理化性状特征

梵净山山地灌丛草甸土出现的地形多为高海拔的山顶处地势稍平缓的山脊地段,山地灌丛草甸土的形成过程就是植被腐殖化的过程。由于地表覆盖程度大,有机残落物大量累积,而有机质分解缓慢,在温润湿冷的气候条件下,土壤风化减弱,淋溶作用亦不明显,山地灌丛草甸土经常处于湿润状态,土体通透性能良好,由于水湿条件变化的影响,部分山地灌丛草甸土具有氧化还原交替作用。

梵净山山地灌丛草甸土剖面垂直结构上的性质如表4-23、表4-24、表4-25所示。梵净山原始森林植被茂密,常年累积腐化成土,山地灌丛草甸土的土层可以达到80～100 cm,且难于找到明显的发生层,表层有厚度10 cm左右的腐烂或半腐烂的有机层,富有弹性。全剖面土壤呈酸性反应,并有不明显的淋溶沉积现象。土壤pH值在剖面上变化规律不明显(见表4-23),不同深度土层pH值较接近,在4.6～5.6之间变化,土壤阳离子交换量小,在土层深度>80 cm时,土壤阳离子交换量含量低于1 cmol/kg,土壤机械组成以粒径<0.005 mm颗粒为主,占50%左右,粒径>0.05 mm的颗粒比重不大于21%,剖面上各层土壤中物理性黏粒含量最高接近70%。

土壤有机质和养分含量表土层与心土层的差异较大,局部可以达20倍的差异,说明了梵净山山地灌丛草甸土在成土过程中受淋溶等外力因素的作用较弱,导致心土层土壤中养分含量偏低。

土壤中矿质元素硅、钛、铝等含量在纵向上无明显差异,基岩分化成土的因素较弱,在0～80 cm土壤断面上,硅含量为461.60～493.62 g/kg,钛含量为6.92～10.04 g/kg,铝含量为130.69～158.20 g/kg。

表 4 – 23　山地灌丛草甸土典型剖面物理性质

| 海拔/m | 采样深度/cm | pH 值 | 土壤阳离子交换量/(cmol·kg⁻¹) | 机械组成/% | | | | | | 物理性黏粒/% |
				1~0.25 mm	0.25~0.05 mm	0.05~0.01 mm	0.01~0.005 mm	0.005~0.001 mm	<0.001 mm	<0.01 mm
2039	0~20	4.60	14.80	0.63	20.37	12.00	19.00	23.00	25.00	67.00
	20~50	4.51	13.46	1.45	9.25	23.00	17.00	25.00	24.30	66.30
	50~80	4.67	12.36	1.99	17.01	23.00	18.00	21.00	19.00	58.00
	>80	5.60	0.33	2.17	3.53	25.00	19.00	30.00	20.30	69.30
2295	0~20	5.13	8.62	1.72	17.28	27.00	24.00	16.00	14.00	54.00
	20~40	4.57	6.36	2.77	7.93	47.00	9.00	17.00	16.30	42.30
	40~60	4.79	11.21	11.49	8.21	21.00	19.00	20.00	20.30	59.30

表 4 – 24　山地灌丛草甸土典型剖面化学性质

海拔/m	采样深度/cm	有机质/(g·kg⁻¹)	全氮/(g·kg⁻¹)	碱解氮/(mg·kg⁻¹)	速效钾/(mg·kg⁻¹)	全钾/(g·kg⁻¹)	有效磷/(mg·kg⁻¹)	全磷/(g·kg⁻¹)
2039	0~20	79.29	5.74	434.10	190.00	5.40	32.76	0.34
	20~50	34.00	3.12	292.70	52.00	4.05	9.31	0.29
	50~80	28.21	2.51	250.99	45.00	2.30	6.72	0.28
	>80	4.55	0.64	44.54	65.00	5.40	12.59	0.11
2295	0~20	50.88	4.69	640.54	280.00	4.60	99.48	0.27
	20~40	14.42	1.66	80.60	19.00	3.00	23.79	0.13
	40~60	25.03	2.28	149.88	30.00	3.00	6.38	0.21

表 4 – 25　山地灌丛草甸土典型剖面矿质元素特征

海拔/m	采样深度/cm	全硅(以 SiO₂ 计)/(g·kg⁻¹)	全钛(以 TiO₂ 计)/(g·kg⁻¹)	全铝(以 Al₂O₃ 计)/(g·kg⁻¹)
2039	0~20	493.62	6.92	130.69
	20~50	461.60	10.04	155.97
	50~80	485.54	8.01	158.20
	>80	632.40	4.91	142.94
2295	0~20	403.13	4.51	121.76
	20~40	547.24	6.06	144.76
	40~60	516.51	6.87	151.83

　　梵净山山地灌丛草甸土理化性状特征见表 4 – 26、表 4 – 27、表 4 – 28 所示。一般认为富含有机质的土壤其交换性酸根离子相对高,山地灌丛草甸土 pH 值平均为 4.13,有机质平均含量为 99.34 g/kg,有机质最大可以达 300.17 g/kg,土壤酸性最强为 pH 值 2.65。梵净山上水分条件的差异引起山地灌丛草甸土有机质积累差异性,山地草甸土水饱和期较长,使得其有机质矿化强度低于黄壤性土,有利于有机质的大量积累。土壤中阳离子交换量取决于有机质含量和黏土矿物含量,含量在 0.33 ~ 59.04 cmol/kg 范围内大幅变化。

表4-26　山地灌丛草甸土物理性状特征(样本数27个)

指标	四分位点数	pH值	土壤阳离子交换量/(cmol·kg⁻¹)	机械组成/%					物理性黏粒/%
				1~0.25 mm	0.25~0.05 mm	0.05~0.01 mm	0.01~0.005 mm	0.005~0.001 mm	<0.01 mm
平均值		4.13	20.23	16.15	14.85	22.57	13.79	15.91	16.75
最小值		2.65	0.33	0.63	3.53	5.18	2.08	5.15	5.59
最大值		5.60	59.04	64.60	38.13	47.00	24.00	30.00	26.30
四分位点数	25	2.98	6.36	2.17	7.93	16.78	6.29	10.49	13.30
	50	4.50	12.33	15.52	14.88	20.79	17.00	17.00	17.91
	75	4.68	24.73	24.44	19.24	27.00	19.00	20.00	20.11

表4-27　山地灌丛草甸土化学性质(样本数28个)

指标	百分位点数	有机质/(g·kg⁻¹)	全氮/(g·kg⁻¹)	碱解氮/(mg·kg⁻¹)	速效钾/(mg·kg⁻¹)	全钾/(g·kg⁻¹)	有效磷/(mg·kg⁻¹)	全磷/(g·kg⁻¹)
平均值		99.34	6.71	416.82	126.75	2.85	23.98	0.17
最小值		4.55	0.64	35.35	17.00	1.39	6.38	0.01
最大值		300.17	18.74	720.38	280.00	5.40	99.48	0.41
百分位点数	25	26.88	2.45	222.88	54.25	2.05	15.43	0.05
	50	72.72	5.22	445.06	136.00	2.41	21.29	0.13
	75	136.93	10.14	637.05	187.50	3.62	27.39	0.30

表4-28　山地灌丛草甸土矿质元素特征(样本数22个)

指标	四分位点数	全硅(以SiO₂计)/(g·kg⁻¹)	全钛(以TiO₂计)/(g·kg⁻¹)	全铝以(Al₂O₃计)/(g·kg⁻¹)
平均值		421.37	5.33	117.17
最小值		168.66	2.85	40.03
最大值		608.47	10.04	160.67
四分位点数	25	315.23	4.25	104.92
	50	433.61	5.11	121.28
	75	541.37	6.26	146.41

(三)山地灌丛草甸土属

山地灌丛草甸土因成土历史年代不同,形成不同厚度的土壤积累。根据其土层厚度,梵净山山地灌丛草甸土可以分为中层山地灌丛草甸土(土层总厚度60~100 cm)、薄层山地灌丛草甸土(土层总厚度<60 cm)。

其中中层山地灌丛草甸土主要分布在梵净山山脊平缓沟壑地带,植被中有少量高山乔木生长。中层山地草甸土理化性质见表4-29、表4-30所示,在剖面层次上无明显区分。0~20 cm土层上基本为疏松的腐殖质成土,土壤呈黑褐色,富有弹性;20 cm以下土壤呈微黄棕色,土壤中夹杂部分基岩砾石。

表4-29　中层山地灌丛草甸土物理性质

海拔/m	采样深度/cm	pH值	土壤阳离子交换量/(cmol·kg⁻¹)	机械组成/%						物理性黏粒/%
				1~0.25 mm	0.25~0.05 mm	0.05~0.01 mm	0.01~0.005 mm	0.005~0.001 mm	<0.001 mm	<0.01 mm
2341	0~20	4.26	24.73	17.41	15.29	20.00	7.00	18.00	22.30	47.30
	20~40	3.88	17.57	15.80	9.90	16.00	21.00	22.00	15.30	58.30
2392	0~30	4.67	3.98	3.79	16.91	32.00	17.00	17.00	13.30	47.30
	30~50	4.72	2.26	1.12	14.88	37.00	23.00	15.00	9.00	47.00

表4-30　中层山地灌丛草甸土化学性质

海拔/m	采样深度/cm	有机质/(g·kg⁻¹)	全氮/(g·kg⁻¹)	碱解氮/(mg·kg⁻¹)	速效钾/(mg·kg⁻¹)	全钾/(g·kg⁻¹)	有效磷/(mg·kg⁻¹)	全磷/(g·kg⁻¹)
2341	0~20	99.40	7.56	526.01	120.00	2.20	88.31	3.52
	20~40	87.55	6.26	439.05	122.00	2.90	80.12	2.95
2392	0~30	6.08	1.41	35.35	20.00	2.60	77.59	0.94
	30~50	13.17	1.37	49.49	17.00	2.00	68.10	0.95

　　薄层山地灌丛草甸土分布在梵净山山脊平缓台地区域,植被主要以箭竹丛为主,表土层土壤中串生大量箭竹根系,土壤疏松,覆盖较厚的枯枝腐殖层。土壤不具有明显分层特征,土壤由褐色逐渐变为浅黄棕色,薄层山地灌丛草甸土理化性质见表4-31、表4-32所示。

表4-31　薄层山地灌丛草甸土物理性质

海拔/m	采样深度/cm	pH值	土壤阳离子交换量/(cmol·kg⁻¹)	机械组成/%						物理性黏粒/%
				1~0.25 mm	0.25~0.05 mm	0.05~0.01 mm	0.01~0.005 mm	0.005~0.001 mm	<0.001 mm	<0.01 mm
2341	0~12	4.74	19.24	23.15	7.55	15.00	13.00	19.00	22.30	54.3
2294	0~9	4.67	19.92	10.30	13.40	22.00	15.00	19.00	20.30	54.3

表4-32　薄层山地灌丛草甸土化学性质

海拔/m	采样深度/cm	有机质/(g·kg⁻¹)	全氮/(g·kg⁻¹)	碱解氮/(mg·kg⁻¹)	速效钾/(mg·kg⁻¹)	全钾/(g·kg⁻¹)	有效磷/(mg·kg⁻¹)	全磷/(g·kg⁻¹)
2341	0~10	81.90	7.73	533.08	110.00	3.55	258.32	5.48
2294	0~9	104.32	7.90	545.80	82.00	2.98	201.85	3.62

七、小　结

　　梵净山随着海拔高度的变化,生物气候条件发生垂直分异,形成明显的山地土壤垂直带谱。即海拔500(600)m以下为山地黄红壤,海拔500(600)~1400(1500)m为山地黄壤,海拔1400(1500)~2000m为山地黄棕壤,海拔2000~2200(2300)m为山地暗色矮林土,海拔2200(2300)m以上为山地灌丛草甸土。

在前人研究的基础上,结合野外观察和室内化学分析结果,我们认为在该区海拔 2000 ~ 2200(2300) m 之间,其生物气候条件、土壤剖面特征及化学分析结果表明,该区域的土壤既不同于山地黄棕壤也不同于山地灌丛草甸土。由于腐殖质高度分散下渗浸染而使得整个剖面呈现出暗棕色尤为显著。因此有必要从原来的山地黄棕壤中细分出山地暗色矮林土。

梵净山土壤机械组成中,砂粒粒径(0.05 ~ 1 mm)含量随海拔高度升高而增加,物理性黏粒(粒径小于 0.01 mm)和黏粒(粒径小于 0.001 mm)亦相应降低,这显然说明矿物的风化程度随山体海拔升高而减弱。在土壤机械组成中,粒径大于 0.001 mm,一般含量都在 90% 左右,除山地黄红壤外。土壤质地以轻壤 - 重壤相间为主,加之地形陡峻,土壤的抗侵蚀能力较弱。但整个山区水土流失发生较轻,这显然与该区森林覆盖程度高密切有关。

高大而险峻的梵净山,有着茂密的森林而成为涵养水源的天然水库。不仅对周围邻近地区的气候有一定的调节作用,还对保持自然生态平衡也有着积极的作用。不但富有多种珍稀名贵的动植物资源,而且该区基本上是一个未受到工农业污染的自然环境,所以它是多种学科进行科学研究和教学的好场所。但是以往人们对自然资源的保护和维持自然生态平衡的重要性缺乏足够的认识,从目前来看,梵净山区周围居民及游客的生产生活活动,已给该区自然资源的保护带来不利的影响,特别是毁林开荒,乱砍滥伐森林,大量猎取野生动植物资源,各种难降解的旅游垃圾随意丢弃,致使部分地区原始森林遭到破坏,珍贵的动植物资源大量减少,土壤资源受到威胁,局部地区水土流失正在相继发生。

从梵净山土壤类型的数量来看,分布面积最大的是山地黄壤和山地黄棕壤,其次为山地黄红壤,最少的是山地暗色矮林土和山地灌丛草甸土。从土层厚度来看,山地黄壤和山地黄红壤中 1 m 左右的土层较多,其余土壤厚层的较少。从质量来看,梵净山土壤有机质层普遍较厚且含量较高,相应的全量氮、全磷含量较高,但速效养分含量较低,如山地黄壤土层全磷量最高可达 0.38 g/kg,而速效磷只有 2 × 10^{-6},其他土壤中亦有类似情况。从土壤利用来看,现在受到人们生产活动影响最深的是山地黄红壤和山地黄壤,其次为山地黄棕壤;山地暗色矮林土和山地灌丛草甸土则很少或没有受人类生产活动的影响。

从梵净山土壤的另一特点来看,土壤机械组成中虽然砂粒和粉砂粒级含量较高,黏粒含量很少,土壤的抗蚀能力较弱,但在原始植被覆盖度较高的情况下,水土流失发生较轻。但若不注意加强保护,让乱砍滥伐和不合理开垦继续下去,水土流失必将接踵而来,土壤资源定会受到严重破坏,这不仅对保护梵净山的各种自然资源不利,而且也必然使梵净山的自然生态平衡遭到破坏,同时还将给该区以外的工农业生产带来不利。为此,我们从利用保护土壤资源和发展土壤科学出发,特提出以下几点建议以供参考。

(1)在加强宣传和教育的基础上,严禁毁林开荒和铲草皮烧火土积肥。坚决贯彻执行《中华人民共和国森林法》,加大宣传普及,做到家喻户晓,人人皆知。

(2)对该区现有森林资源加强保护的同时,在境内一些局部空荒地区,摸索和选择适宜的树种,进行人工植树造林,特别是对一些稀有的古老植物,应尽可能采用人工育苗繁殖等措施,扩大生长种植面积。

(3)对现有耕地范围应加强限制,以提高单位面积产量为主,动员和组织当地群众采用林肥间作和林粮间作等措施,做到在不影响当地群众生活和收入的前提下,对陡坡地逐步实行退耕还林。

(4)为防止梵净山区受到污染,在保护区附近尽可能少设或不设损害环境的工厂。

(5)建议有关部门在前人已有考察成果的基础上,积极组织多学科的全面考察,进行更深入细致的调查研究,以进一步摸清梵净山的自然资源。

土壤科学方面,在过去调查成果的基础上,有必要进一步研究各种土壤类型、发生发育条件和成土过程,以及各种土壤类型的特征、属性和分布规律,并编绘梵净山区较大比例尺的土壤图和土壤资源图,在此基础上对该区的各种土壤类型进行数量统计和质量评价,为更好地保护和利用梵净山区自然资源,建立符合人类利益的生态环境提供科学依据。

参考文献

梵净山科学考察编辑委员会,1982.梵净山科学考察集[M].贵阳:贵州省环境保护局.

梵净山科学考察编辑委员会,1987.贵州梵净山科学考察集[M].北京:中国环境科学出版社.

贵州省林业厅,1990.梵净山研究[M].贵阳:贵州人民出版社.

贵州省农业厅,中国科学院南京土壤研究所,1979.贵州土壤[M].贵阳:贵州人民出版社.

贵州省土壤普查办公室,1994.贵州土种志[M].贵阳:贵州科技出版社.

全国土壤普查办公室,1993.中国土壤分类系统[M].北京:中国农业出版社.

汪远品,高雪,2013.贵州土种志新编[M].贵阳:贵州科技出版社.

周国础,1981.贵州土壤的发生及分布规律[J].土壤学报,18(1):11−23.

周金成,王孝磊,邱检生,2006.黔东北梵净山群中基性岩的产状特征[C].全国岩石学与地球动力学研讨会,263−264.

第五章　梵净山珍稀植物林下土壤理化性质

梵净山国家级自然保护区属于武陵山脉,坡陡谷深,海拔在400~2572 m之间,高差达2000 m以上。庞大复杂的山体形成了复杂的小气候和丰富的植物种类,且其特殊的地质构造历史形成复杂多变的地形地貌,使得许多珍稀濒危植物得以残存和繁衍,其中就有梵净山冷杉、珙桐、南方红豆杉。梵净山冷杉是中国贵州梵净山特有冷杉种,为第四纪孑遗植物,1981年在梵净山北坡烂茶顶海拔约2200 m处的地方发现并命名,被列入《中国植物红皮书》并成为国家一级保护植物。1998年被世界自然保护联盟拟定的"V针叶树行动计划"列为全球重点保护的针叶树种。大片冷杉林的发现,填补了贵州省亚高山常绿针叶林的空白,对植物区系学、植物群落学、现代植物地理学、古生物学、古气候学及冰川学等学科有着独特的科学意义,且材质优良,树干通直,是高级的造纸原料。

但梵净山冷杉呈小面积斑块状分布,而且由于其他优势林的入侵,大多数冷杉林冠不能郁闭,且从1981年发现开始至今不断有梵净山冷杉死亡,现有些林地已出现成片死亡,新生树苗也越来越少。梵净山冷杉的立地研究保护已刻不容缓,近年来不断有学者对梵净山冷杉的死亡原因进行研究,但鲜有学者从土壤环境因素这一方面系统地来分析土壤环境对梵净山冷杉死亡的影响。

珙桐起源于第三纪时期,曾广泛分布于世界各地,第四纪冰川期之后几乎灭绝,仅在我国西南亚热带地区的深山峡谷中间断性地零星分布,分别被《中国植物红皮书》和《中国珍稀濒危保护植物名录》收录,属于国家一级重点保护珍稀濒危植物,珙桐的特殊性在全球生物多样性保育、古生物气候等研究中具有不可替代的重要作用。梵净山大沟岩苔藓密集,生态环境极为潮湿,有数十株珙桐群聚为优势种群。但近年来珙桐资源衰退非常严重,部分种群有性生殖的实生苗已丧失,个体成片死亡现象频频出现。张清华、吴建国等开展的气候变化对珙桐分布的模拟研究显示,珙桐的适宜生境到2030年将减少20%,气候变化使珙桐的适宜生境分布区向我国西部和西南部萎缩,且片段化分布程度加剧。在梵净山国家级自然保护区,珙桐的保护越来越受到重视,建立了实验场人工种植珙桐幼苗,在野生生长区域内加强管理,杜绝人为干扰。

南方红豆杉是红豆杉的变种,资源数量最多,分布广泛,是我国特有种,属于国家一级重点保护野生植物,多生长在海拔300~1600 m的山坡、沟谷、河边或密林中的阴湿处,极耐荫,常生长于亚热带常绿阔叶林、竹类及针叶阔叶混交林中。紫杉醇是红豆杉属植物特有的一种物质,在医学上有着重要的作用。南方红豆杉树皮中紫杉醇含量较高,且材质坚硬、水湿不腐,是建筑的优良用材。因此,红豆杉受到了人们注视,同时也造成红豆杉属植物受到极大的破坏,资源受到严重威胁。

珍稀濒危植物经历了漫长的历史洗礼,在优胜劣汰的自然法则中胜出,繁衍至今。但是,随着人类对地球资源的无节制利用,致使全球气候问题加剧。这些珍稀濒危植物又将面临新的生存挑战,有物种灭绝的危险。梵净山由于古老地质形成的特殊地质构造,地势陡峭,土层发育浅薄,植被生长于岩石缝间,盘根交错,绝大多数植被仅靠有限的土壤供给养分生长,植被生长受土壤环境特征的严重制约,即在影响植被生长的诸因子中,土壤环境是决定性的因子。如今对珍稀植物的研究主要集中在植物生长繁殖的机理、遗传特性和生长环境等方面,包括生态解剖学、繁殖生物学、遗传多样性等领域。也有不少学者对梵净山冷杉、珙桐、南方红豆杉进行生态学、生物学等方面的研究,而对其土壤环境的研究少有报道。但土壤环境质量对种群繁衍生长有很大影响,土壤结构特征、养分特征制约着梵净山森林植被的生长量和林地的生产水平。本章将对梵净山珍稀植物土壤环境质地特征和林下土壤养分特征及其关系进行较为全面的分析,探索梵净山国家级自然保护区珍稀植物生长的土壤质地和养分元素特征条件及对珍稀植物生长的影响和限制。

一、梵净山珍稀植物林下土壤物理性质

(一)梵净山珍稀植物林下土壤机械组成

土壤机械组成是土壤重要的物理性质,是土壤结构体的基本单元,能够反映土壤中大小不同的土粒的组合状况,与成土母质、土壤理化性质等关系密切。贵州省梵净山国家级自然保护区不同珍稀植物林下土壤机械组成统计如表5-1和图5-1所示。贵州省梵净山国家级自然保护区不同珍稀植物林下土壤各土粒含量差异较大,除了梵净山冷杉以砂粒为主外,其余珍稀植物都以粉粒为主(见图5-1)。贵州省梵净山国家级自然保护区不同珍稀植物土壤砂粒含量顺序为:梵净山冷杉 > 红豆杉 > 紫薇 > 杜鹃 > 珙桐 > 西南卫矛,粉粒含量表现为:西南卫矛 > 珙桐 > 紫薇 > 杜鹃 > 红豆杉 > 梵净山冷杉,黏粒含量变化规律是:杜鹃 > 珙桐 > 西南卫矛 > 红豆杉 > 梵净山冷杉 > 紫薇。

土壤中不同粒级土粒的水分含量、物理性质及化学性质均不同。土壤中各粒级土粒含量不同,即土壤中各粒级土粒比例不同,土壤机械组成不同,使得其矿物组成、养分含量各不相同。土壤矿物组成、养分含量影响土壤的物理性质、化学性质和生物性质。贵州省梵净山国家级自然保护区不同珍稀植物下土壤不同粒级含量不同,红豆杉生长土壤中各粒级土粒含量差异不大,杜鹃生长土壤以粗粉粒含量最高,西南卫矛生长土壤粗粉粒含量最高为26.46%,紫薇生长土壤细砂粒含量最高为27.76%,珙桐生长土壤细粉粒含量最高为22.54%,梵净山冷杉生长土壤以粗砂粒含量最高(见表5-1)。

表5-1 梵净山珍稀植物林下土壤机械组成

植物类型	机械组成/%					物理性黏粒/%
	1~0.25 mm	0.25~0.05 mm	0.05~0.01 mm	0.01~0.005 mm	0.005~0.001 mm	<0.001 mm
红豆杉	14.8±14.75	19.52±10.99	17.85±4.89	16.74±1.65	16.75±1.99	14.33±5.94
杜 鹃	8.00±7.85	17.32±7.55	20.38±4.22	15.84±2.58	18.7±2.57	19.77±6.06
西南卫矛	10.40±5.18	9.41±5.15	26.46±2.56	18.45±0.56	19.15±0.56	16.09±3.65
紫 薇	2.93±1.24	27.76±0.98	19.69±4.40	20.2±0.72	15.54±2.92	13.88±1.47
珙 桐	14.21±4.87	10.01±3.65	18.71±3.90	15.71±5.54	22.54±2.39	18.82±3.41
梵净山冷杉	35.41±14.75	24.33±10.99	14.55±4.89	3.88±1.65	7.65±1.99	14.19±5.94

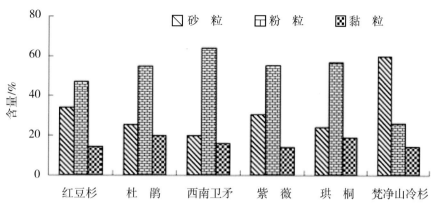

图5-1　珍稀植物林下土壤含量

（二）梵净山珍稀植物林下土壤质地特征

贵州省梵净山国家级自然保护区不同珍稀植物下土壤不同粒级含量不同,不同粒级下不同珍稀植物土壤含量不同。粒径1~0.25 mm土粒以梵净山冷杉生长土壤含量最高,粒径0.25~0.05 mm土粒含量最高的是紫薇生长土壤,粒径0.05~0.01 mm土粒以杜鹃生长土壤含量最高,粒径0.01~0.005 mm土粒含量最高的是紫薇生长土壤,粒径0.005~0.001 mm土粒以珙桐生长土壤含量最高,粒径<0.001 mm土粒含量最高的是杜鹃生长土壤。

土壤质地能够影响土壤水分、空气和热量运动及影响养分的转化,同时对土壤结构有着影响。贵州省梵净山国家级自然保护区不同珍稀植物下土壤中物理性黏粒平均含量差异较大,红豆杉林土壤中物理性黏粒平均含量为47.83%,杜鹃林土壤中物理性黏粒平均含量为54.31%,西南卫矛土壤中物理性黏粒平均含量为53.69%,紫薇土壤中物理性黏粒平均含量为49.62%,珙桐土壤中物理性黏粒平均含量为22.54%,梵净山冷杉林土壤中物理性黏粒平均含量为25.71%。根据卡庆斯基制土粒分级标准,红豆杉和紫薇生长土壤质地属于重壤土,珙桐和梵净山冷杉生长土壤质地属于轻壤土,杜鹃和西南卫矛生长土壤质地属于轻黏土。具体见表5-2。

表5-2　珍稀植物林下土壤质地

植　物	物理性粘粒<0.01 mm/%	土壤质地
红豆杉	47.83 ± 10.06	重壤土
杜　鹃	54.31 ± 7.67	轻黏土
西南卫矛	53.69 ± 2.88	轻黏土
紫　薇	49.62 ± 2.18	重壤土
珙　桐	22.54 ± 2.39	轻壤土
梵净山冷杉	25.71 ± 4.99	轻壤土

二、梵净山珍稀植物林下土壤化学性质

特有种和珍稀濒危物种的迁地保护是全球生物多样性保护战略中十分重要的一个环节。随着历

史的变迁,梵净山国家级自然保护区丰富的珍稀植物生长受到其外在环境和内在环境的多重影响,而土壤化学性质更是直接影响珍稀植物的生长与死亡,因而了解其生长的土壤化学性质尤为重要。

珍稀植物梵净山冷杉、珙桐、南方红豆杉、紫薇、杜鹃、西南卫矛的生长土壤化学养分的变异特征有所不同(见表5-3),各珍稀植物林下土壤均为酸性,pH 值范围为2.76~4.84,变异系数为3.47%~10.54%,均为弱变异。有机质含量范围为22.64~239.69 g/kg,变异系数为2.51%~53.65%,为弱变异到中等变异。参照土壤第二次普查养分分级标准可知(见表5-4),除珙桐林下土壤有机质含量(22.64 g/kg)为最适宜等级,其余林下土壤有机质含量等级为丰富和极丰富。不同林下氮素含量均较丰富,碱解氮为164.02~672.14 mg/kg,养分等级均为极丰富,变异系数为4.80%~26.40%,为弱变异和一般变异。全氮为2.24~14.59 g/kg,变异系数为2.42%~45.02%,为弱变异到中等变异。有效磷含量范围为15.82~27.98 mg/kg,含量均为最丰富,变异系数为5.00%~28.47%,为弱变异至一般变异。全磷含量为0.14~0.58 g/kg,变异系数为33.89%~96.93%,为中等变异至强变异,这表明了在不同的区域各珍稀植物林下土壤全磷含量分布不均,差异较大。而人工栽培林和自然生长林的差异是导致珙桐林下土壤全磷变异系数大的主要原因。各珍稀植物林下土壤速效钾含量为75.00~177.14 mg/kg,紫薇林和珙桐林土壤速效钾等级为适宜,梵净山冷杉林土壤养分为丰富等级,其余均为最适宜等级。速效钾变异系数范围为9.43%~54.18%,变异程度为弱变异至中等变异。全钾为1.81~3.19 g/kg,变异系数为21.80%~33.05%,均为一般变异。各珍稀植物林下土壤阳离子交换量为7.08~47.60 cmol/kg,变异系数为12.58%~35.06%,为一般变异至中等变异。土壤阳离子交换量能较为综合地体现土壤的肥力状况,与土壤质地、pH 值、有机质含量等密切相关。一般是土壤有机质含量高,阳离子交换量含量也高,在土壤有机质和 pH 值变化不大的情况下,阳离子交换量含量取决于土壤质地状况,梵净山冷杉林下土壤阳离子交换量含量达到 47.60 cmol/kg,主要是由于其林下土壤丰富的有机质含量大大增加了土壤氢离子和铝离子的含量,从而使阳离子交换量含量增大。

表5-3 梵净山几种珍稀植物土壤化学养分含量特征

植 被		西南卫矛	杜 鹃	紫 薇	南方红豆杉	珙 桐	梵净山冷杉
样本数		3	6	2	11	7	7
pH 值	平均测定值	4.64±0.18	4.35±0.15	4.84±0.35	3.60±0.38	4.50±0.29	2.76±0.13
	变异系数/%	3.91	3.47	7.17	10.54	6.43	4.66
有机质	平均测定值/(g·kg⁻¹)	51.55±27.66	64.7±31.32	35.05±0.88	51.33±23.50	22.64±4.37	239.69±53.51
	变异系数/%	53.65	48.41	2.51	45.79	19.31	22.32
碱解氮	平均测定值/(mg·kg⁻¹)	357.69±94.42	445.24±79.30	251.38±26.53	368.09±95.28	164.02±19.58	672.14±32.23
	变异系数/%	-26.40	17.81	10.55	25.88	11.94	4.80
全 氮	平均测定值/(g·kg⁻¹)	4.46±1.67	5.03±2.26	2.69±0.07	4.87±1.00	2.24±0.29	14.59±2.63
	变异系数/%	37.51	45.02	2.42	20.45	13.03	18.00
有效磷	平均测定值/(mg·kg⁻¹)	19.35±2.28	18.66±4.11	25.27±1.22	22.91±5.72	15.82±1.98	27.98±7.01
	变异系数/%	10.99	25.31	5.00	26.55	13.03	28.47

续表

植被		西南卫矛	杜鹃	紫薇	南方红豆杉	珙桐	梵净山冷杉
全磷	平均测定值/（g·kg⁻¹）	0.25 ± 0.19	0.41 ± 0.14	0.15 ± 0.06	0.58 ± 0.36	0.35 ± 0.34	0.14 ± 0.09
	变异系数/%	78.38	33.89	42.56	68.31	96.93	65.59
速效钾	平均测定值/（mg·kg⁻¹）	148.33 ± 72.86	123.5 ± 52.55	75.00 ± 7.07	131.43 ± 48.54	82.86 ± 44.89	177.14 ± 22.27
	变异系数/%	49.12	42.55	9.43	36.93	54.18	12.57
全钾	平均测定值/（g·kg⁻¹）	3.19 ± 0.71	2.99 ± 0.73	1.81 ± 0.57	2.79 ± 0.67	2.76 ± 0.91	1.95 ± 0.43
	变异系数/%	22.25	24.28	31.40	23.92	33.05	21.80
阳离子交换量	平均测定值/（cmol·kg⁻¹）	7.08 ± 1.97	14.02 ± 3.39	10.06 ± 1.70	14.59 ± 3.44	9.46 ± 1.19	47.60 ± 16.69
	变异系数/%	27.87	24.16	16.86	23.57	12.58	35.06

表 5 - 4　全国第二次土壤普查养分分级标准

级　别	有机质/（g·kg⁻¹）	碱解氮/（mg·kg⁻¹）	有效磷/（mg·kg⁻¹）	速效钾/（mg·kg⁻¹）	土壤养分含量程度
Ⅰ	> 40	>150	> 40	> 200	极丰富
Ⅱ	30 ~ 40	120 ~ 150	20 ~ 40	150 ~ 200	丰　富
Ⅲ	20 ~ 30	90 ~ 120	10 ~ 20	100 ~ 150	最适宜
Ⅳ	10 ~ 20	60 ~ 90	5 ~ 10	50 ~ 100	适　宜
Ⅴ	6 ~ 10	30 ~ 60	3 ~ 5	30 ~ 50	缺　乏
Ⅵ	< 6	< 30	< 3	< 30	极缺乏

（一）梵净山珍稀植物林下土壤酸碱度特征

图 5 - 2 直观地体现了不同珍稀植物林下土壤的 pH 值。西南卫矛、杜鹃、紫薇、珙桐林下土壤 pH 值相差不大，南方红豆杉和梵净山冷杉两种属的林地土壤 pH 值较低，其中梵净山冷杉林下土壤 pH 最低，这与其林下土壤环境密切相关。梵净山冷杉林生长于远离人居的高海拔深山区域，终年云雾笼罩，大量的枯枝落叶和苔生植物残体等形成深厚的腐殖质层，有机质中大量的腐殖酸是导致其 pH 值低下的主要原因。紫薇生长海拔较低，分布于村落周围，当地农民对其有一定的保护意识。

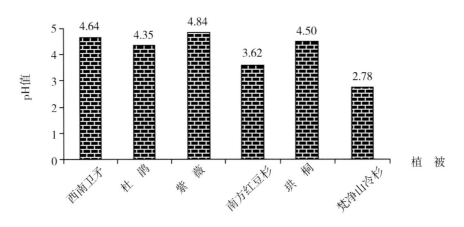

图 5 - 2　梵净山珍稀植物林下土壤 pH 值

(二)梵净山珍稀植物林下土壤有机质含量特征

森林土壤有机质含量取决于植物群落结构、苔藓植物数量及土壤动物和微生物,在森林土壤与植被的养分循环中起着重要作用。梵净山这 6 种珍稀植物群落林地下有机质含量特征如下:除了在低海拔生长的珙桐生长土壤中有机质含量 <30 g/kg,为适宜等级外,其余林下土壤有机质含量均 >50 g/kg,含量丰富,尤其是梵净山冷杉林下土壤有机质含量远远高于其他林地的有机质,为丰富等级点 40 g/kg。这是由于其生境为高海拔的原始森林,大量枯枝落叶和苔藓植物残体不断累积,且终年云雾笼罩,气候湿冷,不利于有机质的矿质化作用的进行,但有利于腐殖化进程,因而不断形成了富含有机质的土层。而在低海拔生长的紫薇和珙桐及南方红豆杉,人为活动较为明显,且由于气候温暖湿润,有利于有机质的矿化作用。西南卫矛、杜鹃林生长于中山至高山部,地势陡峭,砂质石土壤居多,林下灌木草丛群落单一,因而土壤有机质含量相比较于林下群落复杂的梵净山冷杉林地来说要低。

(三)梵净山珍稀植物林下土壤氮、磷、钾含量特征

氮、磷、钾作为土壤中重要的营养元素和生态系统限制性元素,对研究植物与土壤关系有重要意义。图 5 - 3、图 5 - 4 清晰地表明了梵净山珍稀植物林下土壤碱解氮、有效磷、速效钾、全氮、全磷、全钾含量特征。根据全国第二次土壤普查养分分级标准,6 种珍稀植物生长土壤碱解氮 >150 mg/kg,属于极丰富级别。梵净山冷杉、紫薇、南方红豆杉生长土壤有效磷含量稍高于其他 3 种珍稀植物,珙桐生长土壤有效磷含量最低,含量 >40 mg/kg,也属于极丰富。梵净山冷杉生长土壤速效钾含量在 150 ~ 200 mg/kg 之间,属于丰富级别;西南卫矛、杜鹃、南方红豆杉生长土壤速效钾含量在 100 ~ 150 mg/kg 之间,属于最适宜;紫薇和珙桐生长土壤速效钾含量则在 50 ~ 100 mg/kg 之间,属于适宜。6 种珍稀植物林下土壤碱解氮、有效磷、速效钾的分布与全氮、全磷、全钾分布基本相同。梵净山冷杉林下土壤全氮含量明显高于其他 5 种珍稀植物的,这跟梵净山冷杉林下丰富的有机质含量有关,且其终年云雾笼罩,气候湿冷,不利于有机质的矿质化作用的进行,但有利于腐殖化进程,有机质含量丰富、腐化程度高是梵净山冷杉生长土壤全氮和碱解氮高于其他珍稀植物的根本原因。

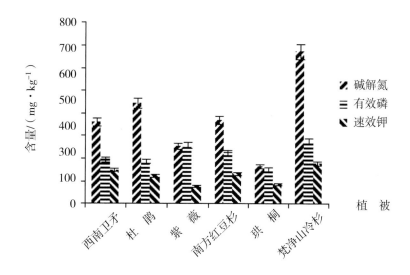

图 5-3　梵净山珍稀植物林下土壤碱解氮、有效磷、速效钾含量

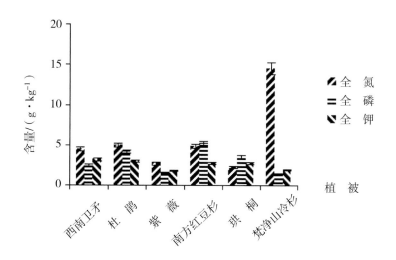

图 5-4　梵净山珍稀植物林下土壤全氮、全磷、全钾含量

（四）梵净山珍稀植物林下土壤阳离子交换量含量特征

pH 值、土壤阳离子交换量是土壤最基本的理化性质，影响着土壤中许多化学反应和化学过程，在土壤生态系统物质循环、能量流动、土壤质量及生产力的维持和保育以及土地资源持续利用等方面具有重要作用。从图 5-5 可以看出，梵净山冷杉生长土壤阳离子交换量含量明显高于其他 5 种珍稀植物，为 47.60 cmol/kg；杜鹃和南方红豆杉生长土壤阳离子交换量含量较低，分别为 14.02 cmol/kg 和 14.59 cmol/kg；紫薇和珙桐生长土壤阳离子交换量含量次之，为 10.06 cmol/kg 和 9.46 cmol/kg；西南卫矛生长土壤阳离子交换量含量最低，为 7.08 cmol/kg。土壤阳离子交换量主要受土壤黏粒和有机质含量影响，而梵净山冷杉林下含有丰富的有机质，大大增加了土壤中氢离子和铝离子的含量，这是梵净山冷杉生长土壤阳离子交换量含量明显高于其他珍稀植物的主要原因。而土壤阳离子交换量的含量特征与林下土壤有机质的含量特征相似，并与 pH 值的含量特征相反，如图 5-6 所示，土壤阳离子交换量含量随 pH 值降低而升高。

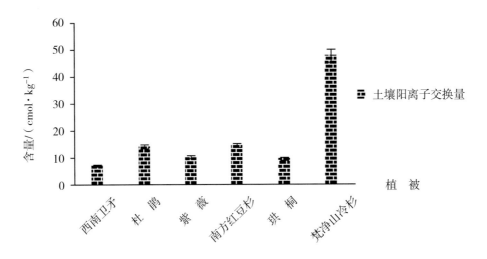

图5-5 梵净山珍稀植物林下土壤阳离子交换量含量

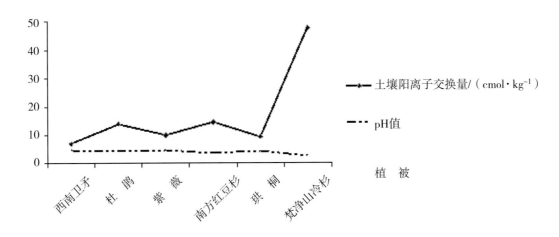

图5-6 梵净山珍稀植物林下土壤阳离子交换量和pH值

三、梵净山珍稀植物林下土壤性状的相关性研究

土壤作为一个复杂的综合体,其氮、磷、钾、pH值、土壤阳离子交换量、有机质之间有着复杂的相互作用,了解各个成分之间的相关性对梵净山珍稀植物的保护和土地利用有着重要的作用。由表5-5可以看出,pH值和有机质、碱解氮、全氮、速效磷、速效钾、土壤阳离子交换量呈负相关,和全钾呈正相关但不显著,和全磷无相关性($R=0.03$,$P>0.05$),说明了酸性环境对有机质、碱解氮、速效钾、土壤阳离子交换量等的积累不利且呈负相关,虽然pH值对全磷、全钾的含量无影响,但对植物利用速效钾和速效磷有影响;有机质和碱解氮、全氮、速效磷、速效钾、土壤阳离子交换量呈正相关,和全磷、全钾呈负相关,其中全氮相关且极显著($R=1.00$,$P<0.01$),和土壤阳离子交换量、碱解氮相关显著($R=0.98$,$R=0.92$,$P<0.05$),说明有机质的积累是影响植物林下全氮、土壤阳离子交换量、碱解氮的主要因素;碱解氮和全氮、速效磷、速效钾、土壤阳离子交换量呈正相关,和全磷、全钾呈负相关,其中和全氮、土壤阳离子交换量相关显著($R=0.94$,$R=0.98$,$P<0.05$);全氮和速效磷、速效钾、土壤阳离子交换量呈正相关,和全磷、全钾呈负相关,其中和土壤阳离子交换量相关显著($R=0.97$,$P<0.05$);速效磷和速效

钾、土壤阳离子交换量呈正相关不显著（$P>0.05$），和全磷、全钾呈负相关不显著（$P>0.05$）；全磷和全钾呈正相关不显著，和速效钾、土壤阳离子交换量呈负相关不显著（$P>0.05$）；速效钾和全钾、土壤阳离子交换量呈正相关且不显著（$P>0.05$）；全钾和土壤阳离子交换量呈负相关且不显著（$P>0.05$），全钾和土壤阳离子交换量、全磷和全钾、全磷和速效钾、土壤阳离子交换量两者相关不显著，这说明了这些土壤养分和因子不是仅仅两者单一作用，而是它们之间相互作用的结果。

表 5 - 5　梵净山珍稀植物林下土壤养分的相关性分析

相关系数	pH 值	有机质/ ($g\cdot kg^{-1}$)	碱解氮/ ($mg\cdot kg^{-1}$)	全氮/ ($mg\cdot kg^{-1}$)	速效磷/ ($mg\cdot kg^{-1}$)	全磷/ ($g\cdot kg^{-1}$)	速效钾/ ($mg\cdot kg^{-1}$)	全钾/ ($g\cdot kg^{-1}$)
pH 值								
有机质	-0.86							
碱解氮	-0.82	0.92						
全　氮	-0.89	1.00	0.94					
速效磷	-0.54	0.64	0.60	0.63				
全　磷	0.03	-0.47	-0.25	-0.40	-0.53			
速效钾	-0.75	0.77	0.88	0.82	0.37	-0.11		
全　钾	0.30	-0.46	-0.23	-0.40	-0.79	0.66	0.12	
土壤阳离子交换量	-0.90	0.98	0.98	0.97	0.65	-0.41	0.68	-0.54

对梵净山三种珍稀植物林下土壤机械组成与养分含量进行相关性分析（见表 5 - 6），结果表明，南方红豆杉林下土壤机械组成的中砂粒（粒径 1 ~ 0.25 mm）与土壤 pH 值、有效磷呈显著性正相关，与其余养分相关性不大。中粉粒（粒径 0.01 ~ 0.005 mm）、物理性黏粒（粒径 <0.01 mm）与土壤 pH 值有显著性负相关，其余养分相关性不显著，但其中物理性黏粒（粒径 <0.01 mm）含量与碱解氮（R = 0.598 1）有较显著正相关性。黏粒（粒径 <0.001 mm）与碱解氮极显著正相关，与全氮有显著正相关性，与 pH 值呈显著性负相关，与其余养分相关性不显著。细砂（粒径 0.25 ~ 0.05 mm）、粗粉粒（粒径 0.05 ~ 0.01 mm）、细粉粒（粒径 0.005 ~ 0.001 mm）与各样相关性均不显著，但其中细砂（粒径 0.25 ~ 0.05 mm）与全氮有较大负相关性。

珙桐林下土壤中砂粒（粒径 1 ~ 0.25 mm）与速效钾呈显著正相关，与 pH、全氮有较大正相关（相关系数为 0.691 4 和 0.621 3），与有效磷有较大负相关（相关系数为 -0.721 4）。细砂（粒径 0.25 ~ 0.05 mm）与全磷呈显著正相关，与碱解氮有较大正相关（相关系数 0.639 7），与其余养分相关性不大。中粉粒（粒径 0.01 ~ 0.005 mm）、粗粉粒（粒径 0.05 ~ 0.01 mm）与各养分相关性均未达到显著；粗粉粒（粒径 0.05 ~ 0.01 mm）与有机质有较大正相关（R = 0.618 2），与全磷（R = -0.607 5）、速效钾（R = -0.531 6）有较大负相关性，与其余养分相关性不大；中粉粒（粒径 0.01 ~ 0.005 mm）与碱解氮（R = 0.678 8）、有效磷（R = 0.602 4）、土壤阳离子交换量（R = 0.534 1）有较大正相关性，与全氮（R = -0.650 9）有较大负相关性，与其余养分相关性不大。细粉粒（粒径 0.005 ~ 0.001 mm）与 pH 值有显著性负相关，与全钾有较大的正相关性，与其余养分相关性不大。黏粒（ <0.001 mm）含量与碱解氮、土壤阳离子交换量有较大负相关性，与全钾有较大正相关性，与其余养分相关性不大。物理性黏粒与有效磷有显著正相关，与全钾有较大正相关性，与 pH 值、全氮、速效钾有较大负相关性，与其余养分相关性不大。具体见表 5 - 6。

梵净山冷杉林下土壤机械组成含量除粗粉粒（粒径 0.05 ~ 0.01 mm）、细粉粒（粒径 0.005 ~ 0.001 mm）与土壤全钾含量有显著正相关性，物理性黏粒（粒径 <0.01 mm）与有效磷有显著负相关性外，其余各粒级

含量与养分间均未达到显著性相关。但其中细砂(粒径 0.25 ~ 0.05 mm)与全磷(R = -0.647 9)与较大负相关性,与土壤阳离子交换量(R = 0.648 0)呈较大正相关性;粗粉粒(粒径 0.05 ~ 0.01 mm)与全氮有较大负相关性,与全磷、速效钾有较大正相关性;中粉粒(粒径 0.01 ~ 0.005 mm)与 pH 值、全磷有较大负相关性;细粉粒(粒径0.005 ~ 0.001 mm)与有机质、全氮有较大负相关性;黏粒(粒径 <0.001 mm)与 pH 值、碱解氮有较大正相关性,与有效磷有较大负相关性;物理性黏粒与有机质、土壤阳离子交换量有较大负相关性,与碱解氮有较大正相关性。具体见表 5 - 6。

表 5 - 6　不同珍稀植物林下土壤机械组成与养分相关性分析

植被林地名称	粒径 mm/%	pH 值	土壤养分								
			有机质 /(g·kg⁻¹)	碱解氮 /(mg·kg⁻¹)	全氮 /(g·kg⁻¹)	有效磷 /(mg·kg⁻¹)	全磷 /(g·kg⁻¹)	速效钾 /(mg·kg⁻¹)	全钾 /(g·kg⁻¹)	CEC /(cmol·kg⁻¹)
南方红豆杉林下土壤	1~0.25	0.6109*	0.2982	-0.264	0.2528	0.6527*	0.0381	0.0632	-0.2498	0.1673
	0.25~0.05	0.156	-0.3615	-0.2905	-0.5673	-0.4545	0.3993	-0.4568	-0.058	-0.4325
	0.05~0.01	-0.2823	-0.2813	-0.0646	-0.2068	-0.0553	-0.3444	-0.0184	-0.0766	0.0104
	0.01~0.005	-0.6666*	-0.0178	0.4278	0.2172	-0.4353	-0.3654	0.2274	0.2792	0.0396
	0.005~0.001	-0.351	-0.0617	0.2877	0.0015	-0.1315	0.0993	0.4478	0.2347	0.239
	<0.001	-0.7056*	0.3725	0.7860**	0.5352	-0.3157	-0.1519	0.1921	0.4757	0.1567
	物理性粘粒（<0.001）	-0.6806*	0.1279	0.5981	0.3108	-0.3498	-0.1736	0.3252	0.3909	0.1641
珙桐林下土壤	1~0.25	0.6914	-0.3301	-0.4923	0.6213	-0.7214	0.0756	0.7669*	-0.2444	-0.42
	0.25~0.05	-0.2016	-0.0989	0.6397	0.0646	0.4843	0.8345*	0.2822	0.1077	0.4478
	0.05~0.01	-0.0631	0.6182	-0.2748	-0.2774	-0.3502	-0.6075	-0.5316	-0.3794	0.0229
	0.01~0.005	0.2202	0.3236	0.6788	-0.6509	0.6024	0.127	-0.2626	-0.2276	0.5341
	0.005~0.001	-0.8525*	-0.3276	-0.0341	0.0482	0.2302	-0.009	-0.2857	0.6371	-0.2135
	<0.001	-0.4594	-0.426	-0.7451	0.3843	-0.2267	-0.5052	-0.1619	0.5909	-0.623
	物理性粘粒（<0.001）	-0.5863	-0.109	0.2795	-0.5356	0.7652*	-0.2556	-0.661	0.5598	0.0795
梵净山冷杉林下土壤	1~0.25	-0.0843	0.0211	-0.1941	-0.0815	0.1505	0.2133	-0.0693	-0.2719	-0.1827
	0.25~0.05	-0.2465	0.4029	-0.0154	0.4821	0.2792	-0.6479	-0.1289	-0.0759	0.648
	0.05~0.01	0.3351	-0.3692	-0.0147	-0.5799	-0.2457	0.6097	0.5159	0.7560*	-0.3757
	0.01~0.005	-0.6557	-0.1116	0.1728	0.0149	0.2165	-0.5789	-0.442	-0.0888	0.3317
	0.005~0.001	0.0599	-0.5401	-0.2241	-0.7387	-0.0206	0.497	-0.0327	0.8114*	-0.4702
	<0.001	0.5522	-0.2825	0.5498	0.0308	-0.742	0.1621	0.1201	-0.0535	-0.3713
	物理性粘粒（<0.001）	0.4638	-0.5884	0.6224	-0.2527	-0.8195*	0.1991	-0.0166	0.2302	-0.5193

注：* 为 0.05 水平上显著相关。

四、梵净山特有两种珍稀植物土壤性状特征

(一)珙桐和梵净山冷杉碳(C)、氮(N)、磷(P)含量分布

C、N、P 是植物中主要的营养元素,对植物的生长起着举足轻重的作用。由表 5 – 7 所示,梵净山冷杉和珙桐的 C、P 存在着较大的差异,而 C 相对稳定,这些差异主要是由物种的差异及不同部位的生理功能不同等造成的。梵净山冷杉和珙桐的 C 含量是不同的,梵净山冷杉的 C、P 含量要高于珙桐的 C、P 含量,而 N 则区别不大,这可能是由于该地区的限制性元素所决定的。相同的植物不同的部位含量也有细微差别,大致上是叶的含量要略高于茎,尤其是梵净山冷杉,而珙桐的这个性质表现得不太明显。珙桐和梵净山冷杉 C 的变异范围在 10% ~ 100% 之间,存在中等程度的变异,人类活动和生活垃圾可能是 C 元素不稳定的原因之一;而 N、P 的变异系数在 2% ~ 11%,分布最为均匀,说明 N、P 元素受外界干扰最少。

总体上,梵净山两种珍稀植物 C 和 P 含量的分布规律为:梵净山冷杉叶(48.55 mg/g、16.48 mg/g) > 梵净山冷杉茎(47.13 mg/g、11.25 mg/g) > 珙桐茎(43.75 mg/g、7.50 mg/g) > 珙桐叶(41.59 mg/g、7.25 mg/g);N 含量的分布特征为:珙桐叶(1.55 mg/g) > 梵净山冷杉叶(1.20 mg/g) > 珙桐茎(0.97 mg/g) > 梵净山冷杉茎(0.96 mg/g)。

表 5 – 7 梵净山冷杉与珙桐植物碳氮磷含量

营养元素	项 目	珙 桐		梵净山冷杉	
		茎	叶	茎	叶
碳(C)	算术平均值/mg·g⁻¹	43.75	41.59	47.13	48.55
	标准差/mg·g⁻¹	0.64	2.04	0.90	1.09
	最大值/mg·g⁻¹	44.29	43.50	47.72	50.19
	最小值/mg·g⁻¹	42.90	39.20	46.57	47.19
	变异系数/%	68.36	20.39	52.37	44.54
氮(N)	算数平均值/mg·g⁻¹	0.96	1.55	0.97	1.20
	标准差/mg·g⁻¹	0.09	0.18	0.35	0.22
	最大值/mg·g⁻¹	1.10	1.76	1.34	1.41
	最小值/mg·g⁻¹	0.91	1.29	0.43	0.91
	变异系数/%	10.67	9.68	2.25	5.57
磷(P)	算数平均值/mg·g⁻¹	7.50	7.25	11.25	16.48
	标准差/mg·g⁻¹	1.71	1.41	1.41	1.63
	最大植/mg·g⁻¹	9.09	8.76	13.08	18.22
	最小值/mg·g⁻¹	5.63	5.62	9.32	14.81
	变异系数/%	4.38		7.95	10.13

(二)珙桐和梵净山冷杉的化学计量特征

1. 珙桐和梵净山冷杉氮磷比(N/P)化学计量特征

C、P 作为植物生长的必需矿质营养元素和生态系统常见的限制性元素,在植物体内存在功能上的联系,两者之间具有重要的相互作用。由图 5-7 可以看出珙桐和梵净山冷杉的 N/P 比存在差异,且叶的差异大于茎,这是叶的光合作用和呼吸作用强度均高于茎所致。并且珙桐的茎和叶部分的 N/P 均高于梵净山冷杉,因为通过叶和凋落物 N/P 比的变化可以监测土壤养分的有效性,所以出现上述现象可能是由珙桐区的土壤养分有效性高所造成的。梵净山冷杉的叶 N/P 比茎高,可能是由于梵净山冷杉叶的光合作用与呼吸作用所致,梵净山冷杉叶为扁平条形,虽然从叶面积或光合强度上都略低于阔叶植物,但对于梵净山冷杉本身来讲,还是要强于茎。

珙桐茎的 N/P 的范围是 0.1 ~ 0.169,叶则是 0.178 ~ 0.306;梵净山冷杉茎的 N/P 的范围是 0.052 ~ 0.102,叶的范围则是 0.052 ~ 0.088。总体分析,两种珍稀植物的 N/P 分布特征为:珙桐叶(0.220)>珙桐茎(0.132)>梵净山冷杉叶(0.073)>梵净山冷杉茎(0.068)。

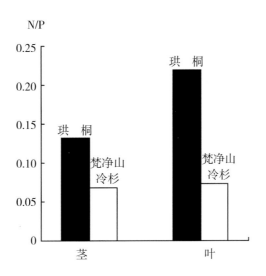

图 5-7 珙桐和梵净山冷杉不同部位 N/P

2. 珙桐和梵净山冷杉 C/N、C/P 化学计量特征

C 是构成生物的基本骨架的结构性物质,N、P 作为植物的营养元素被植物吸收,研究植物 C/N、C/P 化学计量特征对衡量植物碳固定能力等重要指标有重要意义。由图 5-8 可以看出,梵净山冷杉的 C/N 在茎和叶部分均高于珙桐,说明梵净山冷杉具有较高的 C 利用效率;而珙桐的 C/P 在茎和叶均高于梵净山冷杉,这说明珙桐所生长的土壤微生物对土壤 P 有同化趋势,有可能出现微生物与作物竞争氧的现象。关于 C/N、C/P,茎的比值均大于叶的,说明 N、P 在茎中的积累少于叶。

珙桐茎的 C/N、C/P 的范围分别是 40.411 ~ 48.617、4.862 ~ 7.748,叶则分别是 25.231 ~ 27.459、4.834 ~ 7.713;梵净山冷杉茎的 C/N、C/P 的范围分别是 35.265 ~ 110.427、3.607 ~ 4.997,叶的范围则是 35.571 ~ 53.477、2.755 ~ 3.251。总体上,两种珍稀植物的 C/N 分布特征为:梵净山冷杉茎(69.46)>珙桐茎(45.74)>梵净山冷杉叶(41.36)>珙桐叶(27.52)。两种珍稀植物的 C/P 分布特征为:珙桐叶(6.075)>珙桐茎(6.062)>梵净山冷杉茎(4.245)>梵净山冷杉叶(2.962)。

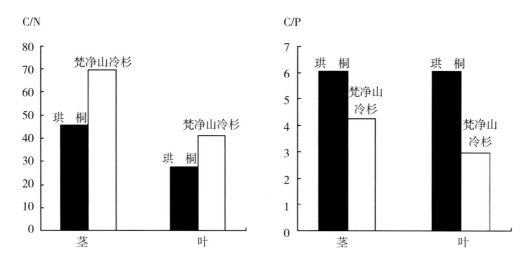

图 5 - 8　珙桐和梵净山冷杉不同部位 C/N、C/P

(三)植物和土壤的 N、P 含量相关性分析

植物中的矿质营养元素绝大部分来自土壤,了解土壤中营养元素的含量与植物各部分营养物质的分布,对以后保护珙桐和梵净山冷杉具有一定的指导作用。由图 5 - 9 可以看出,珙桐生长土壤的 N 含量与茎呈正相关性,差异不显著($R = 0.757$,$P = 0.243$),与叶呈正相关且差异显著($R = 0.953$,$P = 0.012$);梵净山冷杉生长土壤的 N 含量与梵净山冷杉茎和叶的 N 含量均呈正相关且差异显著($R = 0.901$,$P = 0.014$;$R = 0.985$,$P = 0.015$)。由图 5 - 10 可以看出,珙桐生长土壤的 P 含量与珙桐茎 P 含量相关性显著($R = 0.965$,$P = 0.035$),与叶 P 含量呈正相关且极显著($R = 0.975$,$P = 0.005$);梵净山冷杉生长土壤 P 含量与茎呈正相关且极显著($R = 0.986$,$P = 0.001$),与叶呈正相关且显著($R = 0.983$,$P = 0.017$)。由于植被茎和叶中的养分含量取决于土壤养分供应和植被养分需求间的动态平衡,植物土壤与植物各部分养分呈一定规律的分布特征。

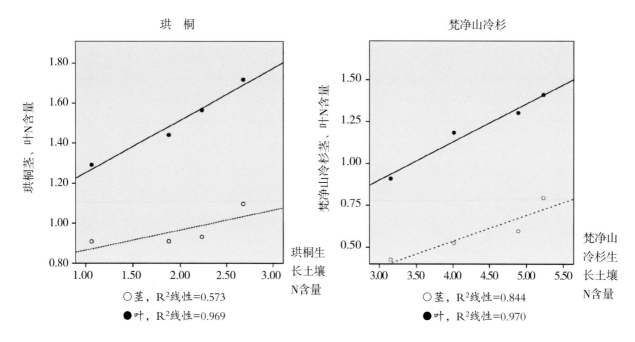

图 5 - 9　两种珍稀植物 N 含量与土壤的关系

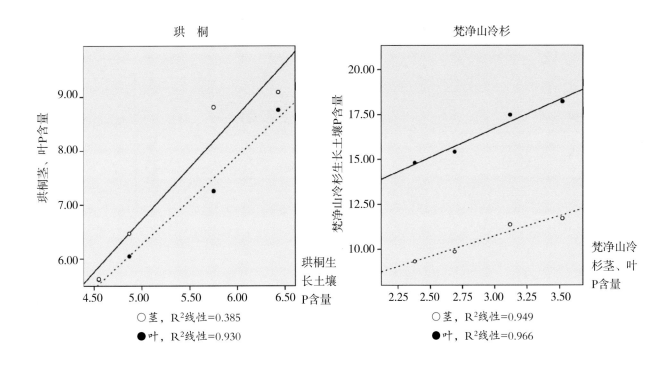

图 5 - 10 两种珍稀植物 P 含量与土壤的关系

五、土壤矿质元素含量特征

土壤矿质元素作为土壤组成的重要方面,其含量与土壤质地密切相关。土壤矿质元素含量可以揭示土壤中元素的迁移和变化规律,并阐明土壤化学性质在成土过程中的演变情况及土壤肥力背景状况、土壤矿物组成内在影响土壤理化性质情况,在森林土壤中土壤矿物质还可在一定程度上反映地区土壤植被类型和程度相适应的结果。因此,研究喀斯特地区土壤的矿物质特征对于探讨该地区植被恢复具有重要意义。具体见表 5 - 8。

表 5 - 8 几种珍稀植物矿质元素含量

植物类型	全硅/ (g·kg⁻¹)	全铝/ (g·kg⁻¹)	全铁/ (g·kg⁻¹)	全钛/ (g·kg⁻¹)	全钠/ (g·kg⁻¹)	全镁/ (g·kg⁻¹)	全钙/ (g·kg⁻¹)
红豆杉	352.56	114.78	31.66	3.29	8.21	3.34	4.51
杜 鹃	362.11	113.48	21.79	7.26	4.76	2.11	2.39
西南卫矛	595.09	128.3	23.43	5.97	4.28	1.28	1.91
紫 薇	619.76	137.21	26.24	7.64	3.31	1.63	2.51
珙 桐	547.08	143.25	18.34	8.04	2.13	3.12	2.13
梵净山冷杉	177.93	47.98	13.66	3.16	2.08	1.52	1.72

(一)土壤中的铁、硅、铝

氧、硅、铝、铁是土壤中含量最高的四种元素,而硅、铝、铁分别与氧构成土壤的基本结构单位——硅氧四面体和铝氧八面体,又因为铁和铝的原子半径相近且都带三个电荷,所以硅氧八面体也会被置换成铁氧八面体,铁、硅、铝构成土壤的基本结构。土壤中全硅含量差异很大,在某些砖红壤中含硅不到1%。铝硅酸盐和石英的总和可占土壤无机物质的75%～95%。土壤的硅主要存在于土体和土壤溶液中,或被吸附在胶体的表面;Al^{3+}、Fe^{3+}多价金属离子可以充当黏土矿物与腐殖质之间的键桥在土壤有机－无机复合体形成过程中起着重要作用。近来的研究表明,我国北部的中性和石灰性土壤主要以钙键结合腐殖质为主,而南方如贵州等地酸性土壤以铁铝键结合腐殖质。

(二)土壤中的钠、镁、钙、钛

Na^+、Mg^{2+}、Ca^{2+}离子可以有效影响土壤的酸碱性,从而影响植物生长。土壤中的阳离子和阴离子一起构成了土壤的酸碱平衡,如果阳离子中氢离子所占比例过大,土壤就会呈现酸性,一般情况下,土壤过酸会影响植物的生长。K、Ca、Na、Mg的含量及比例是影响土壤酸碱平衡的一个重要指标,钠过多会造成土壤碱化,导致土地无法利用;土壤溶迁被迁移的物质主要是Na^+、Mg^{2+}、Ca^{2+}、K^+等盐基离子,Na^+、Mg^{2+}、Ca^{2+}、K^+的不断损失在湿润环境及非石灰条件下,形成酸性土壤。通过对土壤中的Na、Mg、Ca的含量观测,可以了解土壤发育程度,以及地区Na、Mg、Ca含量特征,这是因为土壤矿物质的化学组成继承了地壳化学组成特点。而另一方面有的化学元素在成土过程中将会增加或减少,比如Na、Mg、Ca即是在成土过程中因溶迁而下降,所以观测一个地区Na、Mg、Ca的含量对该地区土壤形成阶段评测有一定指导作用。土壤中的钛主要来源于成土母质,作为岩性土,紫色土壤中钛水平则取决于成土母岩中含量的高低,不同地质时期紫色母岩发育的土壤中全钛含量存在较大差异,因此研究土壤中钛的含量可以帮助了解土壤化学性质在成土过程中的演变。

参考文献

鲍士旦,1999.土壤农化分析[M].第3版.北京:中国农业出版社.

蔡宝森,1998.环境统计[M].武汉:武汉工业大学出版社.

陈艳,苏智先,2011.中国珍稀濒危孑遗植物珙桐种群的保护[J].生态学报,31(19):5466－5474.

梵净山科学考察集编辑委员会,1986.梵净山科学考察集[M].北京:中国环境科学出版社.

傅立国,1992.中国植物红皮书[M].北京:科学出版社.

贺金生,林洁,陈伟烈,1995.我国珍稀特有植物珙桐的现状及其保护[J].生物多样性,3(4):213－221.

红宗勤,刘志明,2010.红豆杉[M].杨凌:西北农林科技大学出版社.

黄威廉,2001.梵净山冷杉林的发现及科学意义[J].贵州科学,19(1):1－9.

吉占和,1993.梵净山兰科植物的分类和区系特点[J].植物研究,13(4):313－329.

江厚龙,王新中,刘国顺,等,2010.烟田土壤质地的空间变异性研究[J].中国生态农业学报,18(4):724－729.

蒋梅茵,杨德涌,熊毅,1982.中国土壤胶体研究——Ⅷ.五种主要土壤的黏粒矿物组成[J].土壤学报,19(1):62－69.

赖文安,2008.南方红豆杉生物学特性及栽培管理[J].农林科技苑 (20):310－312.

李晓笑,王清春,崔国发,等,2011.濒危植物梵净山冷杉野生种群结构及动态特征[J].西北植物学报,31(7):1479－1486.

刘高峰,杨茂发,2013.贵州梵净山自然保护区土壤甲螨群落的季节动态[J].动物学杂志,48(1):58－64.

鲁如坤,1999.土壤农业化学分析方法[M].北京:中国农业科学技术出版社.

罗祖筠,杨成华,1987.贵州珍贵稀有树种[M].贵阳:贵州人民出版社.

马毅杰,1984.黏粒矿物和有机质对土壤胶体比表面的影响[J].土壤学报,16(1):31.

乔琦,刑福武,陈红锋,等,2011.中国特有珍稀植物伯乐树的研究进展和科研方向[J].中国野生植物资源,30(3):4－8,13.

王艳,姚松林,祁翔,等,2009.梵净山自然保护区南方红豆杉资源分布现状调查[J].西南农业学报,22(4):1073－1076.

王永东,冯娜娜,李廷轩,等,2007.不同尺度下低山茶园土壤阳离子交换量空间变异性研究[J].中国农业科学,40(9):1980 – 1988.

文亚峰,谢伟东,韩文军,等,2012.南岭山地南方红豆杉的资源现状及其分布特点[J].中南林业科技大学学报,32(7):1 – 5.

吴建国,吕佳佳,2009.气候变化对珙桐分布的潜在影响[J].环境科学究,22(12):1371 – 1381.

向巧萍,2001.中国的几种珍稀濒危冷杉属植物及其地理分布成因的探讨[J].广西植物,21(2):113 – 117.

徐柏林,孟好军,张记称,等,2011.祁连山森林土壤肥力的研究[J].甘肃科技,27(16):168 – 178.

薛正平,杨星卫,段项锁,等,2002.土壤养分空间变异及合理取样数研究[J].农业工程学报,04:6 – 9.

杨海龙,李迪强,朵海瑞,等,2010.梵净山国家级自然保护区植被分布与黔金丝猴生境选择[J].林业科学研究,23(3):393 – 398.

岳红娟,2008.南方红豆杉土壤种子库特征初探[J].太原师范学院学报(自然科学版),7(3):99 – 102.

张广荣,2005.梵净山冷杉的保护遗传学研究[D].广西:广西师范大学.

张清华,郭泉水,徐德应,等,2000.气候变化对我国珍稀濒危树种——珙桐地理分布的影响研究[J].林业科学,36(2):47 – 52.

赵之重,2004.青海省土壤阳离子交换量与有机质和机械组成关系的研究[J].青海农林科技(4):4 – 6.

郑万均,傅国立,1978.中国植物志(第七卷)[M].北京:科学出版社.

第六章　梵净山土壤重金属含量与分布特征

一、概　述

(一)重金属

重金属原义是指比重大于5的金属(一般来讲密度大于 4.5 g/cm³),包括金、银、铜(Cu)、铁、铅等,重金属在人体中累积达到一定程度,会造成慢性中毒。在环境污染方面所说的重金属主要是指汞(水银)(Hg)、镉(Cd)、铅(Pb)、铬(Cr)及类金属砷(As)等生物毒性显著的重金属元素。重金属不能被生物降解,相反却能在食物链的生物放大作用下,成千百倍地富集,最后进入人体。重金属在人体内能和蛋白质及酶等发生强烈的相互作用,使它们失去活性,也可能在人体的某些器官中累积,造成慢性中毒。

大多数重金属属于人体所必需的微量元素,但是如果超出某个值,重金属将对人体产生巨大的威胁:如抗生育能力、阻碍胚胎发育、影响儿童成长、威胁成人健康等。过量的重金属大多数都能抑制生物酶的活性,破坏正常的生物化学反应。重金属通过空气、水、食物等渠道进入人体内,产生遗传毒性、生殖毒性等,极大地影响人体的健康。

镉会对呼吸道产生刺激,长期暴露会造成嗅觉丧失症、牙龈黄斑或渐成黄圈,镉化合物不易被肠道吸收,但可经呼吸道进入体内吸收,积存于肝或肾脏造成危害,尤以对肾脏损害最为明显,还可导致骨质疏松和软化。镉不是人体的必需元素。人体内的镉是出生后从外界环境中吸取的,主要通过食物、水和空气进入体内蓄积下来。镉的排出速度很慢,人肾皮质镉的生物学半衰期是 10~30 年。

汞对消化道有腐蚀作用,对肾脏、毛细血管均有损害作用。急性汞中毒多半由误服汞引起,有消化道腐蚀所致的症状,吸收后肾脏损害而致尿闭及毛细血管损害而引起血浆损失,甚至发生休克。慢性汞中毒一般见于工业中毒,发生口腔炎和中毒性脑病,表现为忧郁、畏缩等精神症状和肌肉震颤。

人体内砷含量较低时(10~30 mg/g)会导致生长滞缓,死亡率较高。砷在体内的生化功能还未确定,但研究提示其可能在某些酶反应中起作用,以砷酸盐替代磷酸盐作为酶的激活剂,以亚砷酸盐的形式与巯基反应作为酶抑制剂,从而可明显影响某些酶的活性。单质砷无毒性,砷化合物均有毒性。三价砷比五价砷毒性大,约 60 倍;有机砷与无机砷毒性相似。

在所有已知毒性物质中,书上记载最多的是铅。长期接触铅及其化合物会导致心悸,易激动,红细胞增多。铅侵犯神经系统后,会出现失眠、多梦、记忆减退、疲乏,进而发展为狂躁、失明、神志模糊、昏迷,最后因脑血管缺氧而死亡。铅是一种慢性和积累性毒物,不同的个体敏感性不相同,对人来说铅是一种潜在性泌尿系统致癌物质。铅在工业上用途很广,慢性铅中毒是重要职业病之一。铅的吸收甚缓,主要经消化道及呼吸道吸收,吸收后绝大部分沉积于骨中。

铬是人体内必需的微量元素之一,它在维持人体健康方面起关键作用。铬是对人体十分有利的微量元素,不应该被忽视,它是正常生长发育和调节血糖的重要元素。进入人体的铬被积存在人体组织中,代谢和被清除的速度缓慢。六价铬对人主要是慢性毒害,它可以通过消化道、呼吸道、皮肤和黏膜侵入人体,在体内主要积聚在肝、肾和内分泌腺中,通过呼吸道进入的则易积存在肺部。铬中毒主要是因为偶然吸入极限量的铬酸或铬酸盐后,引起肾脏、肝脏、神经系统和血液的广泛病变,导致死亡。

铜离子对生物而言是必需的元素。人体缺乏铜会引起贫血,毛发异常,骨和动脉异常,以致反应迟钝。但如果铜离子过剩,会引起肝硬化、腹泻、呕吐、运动障碍和知觉神经障碍。铜广泛分布于生物组织中,大部分以有机复合物形式存在,很多是金属蛋白,以酶的形式起着功能作用。每个含铜蛋白的酶都有它清楚的生理生化作用,生物系统中许多涉及氧的电子传递和氧化还原反应都是由含铜酶催化的,这些酶对生命过程都是至关重要的。

(二)土壤中重金属的物化作用

土壤中重金属的物化作用主要有:土壤胶体对重金属的吸附,其吸附能力与重金属离子的性质及胶体种类有关;金属离子的配位作用,土壤中重金属可与各种无机配体或有机配体发生配位作用;重金属的沉淀和溶解,在高氧化环境中,氧化还原电位较高,如钒、铬等具有氧化还原性质的重金属常呈氧化态,形成可溶性钒酸盐、铬酸盐等,具有极强迁移能力,而铁、锰相反,形成高价难溶性沉淀,迁移能力很低。

(三)土壤中重金属间的作用

重金属之间相互作用一般表现为加和效应、拮抗效应和协同效应3种。拮抗作用是指一种金属元素阻碍或抑制另一种金属元素的吸收、生理效应的现象。从某种程度上可以将位点竞争视作重金属之间产生拮抗作用的直接原因。这些位点包括细胞及代谢系统的活性部位和存在介质中的吸附点,如金属硫蛋白、特定组织器官上的结合位点,植物螯合素、细胞壁的结合点,植物根系的吸附位点、土壤吸附点等。协同作用是指一种金属元素促进另一种或多种金属元素的吸收,且两种或多种金属元素的联合效应超过各自效应之和的现象。协同作用的产生和强度与重金属加入的顺序和比例有关,重金属混合物的组成及各组分(元素)的比例也是决定混合物毒性的重要因素。当然有些重金属并不存在两者之间相互作用,即通常所说的加合作用,另外在土壤重金属中有时既存在协同作用又存在拮抗作用。

(四)土壤与植物系统中重金属的行为

土壤与植物系统中重金属的行为主要是重金属由土壤向植物体系的迁移。土壤中污染物通过植物根系根毛细胞的作用积累于植物的茎、叶和果实部分。重金属通过植物体生物膜的方式主要分为主动转移和被动转移两类。被动转移主要是脂溶性物质从高浓度一侧向低浓度一侧转移,顺浓度梯度扩散,通过有类脂层屏障的生物膜。被动转移不耗能,不需要载体参与,因而无竞争性抑制、特异性选择和饱和现象。主动迁移则需要消耗一定的能量,一些重金属可以在低浓度一侧与高浓度膜上的特异载体蛋白结合,从而达到迁移目的。

二、常见的土壤重金属污染评价方法

土壤重金属污染评价的重要依据是土壤背景值和土壤环境质量的标准,是判断人为因素导致土壤重金属积累的基础,有助于确定土壤重金属的来源。重金属传统的污染评价方法分为指数评价法和综合评价法。指数评价法分为单因子污染指数法、综合污染指数法和地质累积指数法等。单因子污染指数法是对土壤中的某一种污染物的污染程度进行评价,这是目前重金属污染评价中应用较广泛的一种指数法。在单因子评价的基础上发展了多种综合污染指数法,主要有简单叠加法、算术平均法、加权平均法、平方和的平方根法、均方根法和内梅罗(Nemerow)综合污染指数法等。

常用的评价方法选取 Pb、Cd、Cr、Cu、As、Hg 等重金属元素为评价因子,土壤采用《土壤环境质量标准》(GB 15618—1995)中土壤环境质量标准I级标准(自然背景)或II级标准为评价依据,具体见表6-1。

表6-1 土壤环境质量标准

标 准	pH 值	Cd	Hg	As	Pb	Cr	Cu
一级标准/(mg·kg⁻¹)	自然背景	≤0.20	≤0.15	≤15	≤35	≤90	≤35
二级标准/(mg·kg⁻¹)	<6.5	≤0.3	≤0.3	≤40	≤250	≤150	≤50
	6.5～7.5	≤0.3	≤0.3	≤30	≤300	≤200	≤100
	>7.5	≤0.6	≤1.0	≤25	≤350	≤250	≤100

常用的评价方法有:

(1)单因子污染指数法。单项污染指数是环境质量评价的主要依据,若土壤和植株中某一有害物质已对植物的环境造成污染影响,则该土壤就属于污染土壤。

以单项污染物的实测值与评价标准相比,比值为分指数,用以表示土壤和植株中该污染物的污染程度。

单因子污染指数 P_i 计算公式为: $P_i = C_i / S_i$

式中: P_i——土壤污染元素 i 的污染指数; C_i——污染元素 i 的实测值(mg/kg); S_i——污染元素 i 的评价限量值(mg/kg)。

若 $P_i < 1.0$ 为清洁, $1.0 \leq P_i < 2.0$ 为轻度污染, $2.0 \leq P_i < 3.0$ 为中度污染, $P_i \geq 3.0$ 为重度污染, P_i 越大,受到的污染越严重。

(2)综合污染指数法。综合污染指数 $P_{i综}$ 计算公式为: $P_{i综} = \sqrt{\dfrac{(P_{imax})^2 + (P_i)^2}{2}}$

式中: $P_{i综}$——土壤综合污染指数; P_{imax}——污染物中最大污染指数; P_i——土壤各污染指数平均值。

根据内梅罗综合污染指数法对土壤环境质量进行分级,具体情况见表6-2。

表6-2 土壤综合污染指数分级标准

等级划分	综合污染指数	污染程度	污染水平
I	$P_{i综} \leq 0.7$	安 全	清 洁
II	$0.7 < P_{i综} \leq 1.0$	警戒线	尚清洁
III	$1.0 < P_{i综} \leq 2.0$	轻污染	土壤污染物超过背景值,视为轻污染,作物开始受污染
IV	$2.0 < P_{i综} \leq 3.0$	中污染	土壤、作物均受到中度污染
V	$P_{i综} > 3.0$	重污染	土壤、作物受污染已相当严重

(3)污染负荷指数法。污染负荷指数 PLIzone 计算公式为:

$$C_f^i = C_i / CO_i$$

$$PLI = \sqrt[n]{CF_1 \times CF_2 \times \cdots CF_n}$$

$$PLIzone = \sqrt[k]{PLI_1 \times PLI_2 \times \cdots PLI_k}$$

式中：C_f^i——土壤污染元素 i 的污染指数，C_i——污染元素 i 的实测值（mg/kg），CO_i——污染元素 i 的评价限量值（mg/kg），n 为评价元素的个数，k 为采样点的个数，CF_i——某单一金属最高污染指数，PLI——某点污染负荷指数，PLI_{zone}——某区域污染负荷指数。

若 $PLI < 1.0$，则污染等级为0，无污染；若 $1 \leqslant PLI < 2$，则污染等级Ⅰ，中等污染；若 $2 \leqslant PLI < 3$，则污染等级Ⅱ，强污染；若 $PLI \geqslant 3$，则污染等级Ⅲ，极强污染。

（4）潜在生态风险评价法。潜在生态风险评价法基于元素的丰度和释放能力为前提。潜在生态风险指数（risk index，RI）随着土壤中重金属污染程度的加重而增加；多污染物协同效应，即土壤中的重金属生态危害具有加和性，多种重金属污染的潜在生态风险更大，铬、铜、砷、镉、汞、铅是优先考虑对象；各重金属元素的毒性响应具有一定的差异性，生物毒性强的金属对 RI 有较高的权重。单一重金属污染系数 C_f^i，多种重金属污染程度 C_d，不同重金属生物毒性响应因子 T_r^i，单一重金属潜在生态风险因子 E_r^i，多种重金属潜在生态风险指数 RI，其关系如下：

$$C_f^i = C_D^i / C_R^i \qquad\qquad E_r^i = T_r^i \times C_f^i$$

$$C_d = \sum_{i=1}^{m} C_f^i \qquad\qquad RI = \sum_{i=1}^{m} F^i$$

式中：C_D^i 代表样品实测含量，C_R^i 代表土壤背景参考值。

潜在生态风险因子 E_r^i 和潜在生态风险指数 RI 的等级划分情况见表6－3。

表6－3　潜在生态风险评价指标与分级关系

指　标	风险因子程度分级	
潜在生态风险因子（E_r^i）	$E_r^i < 30$	低
	$30 \leqslant E_r^i < 60$	中　等
	$60 \leqslant E_r^i < 120$	较　重
	$120 \leqslant E_r^i < 240$	重
	$240 \leqslant E_r^i$	严　重
潜在指数（RI）	$RI < 130$	低
	$130 \leqslant RI < 260$	中　等
	$260 \leqslant RI < 520$	重
	$520 \leqslant RI$	严　重

三、样品采集与测试

（一）样品采集方法

土壤样品的采集和处理，是决定分析结果的重要环节之一。必须重视采集样品是否具有代表性，应考虑地形、植被等自然因素及耕作施肥等人为因素的影响。

（1）采样点布设原则。土壤样品要具有代表性，土壤样品的采集分为单点、混合和剖面样品。土壤混合样品的采集要具有多点混合均匀性和随机性。在样品采集过程中，远离潜在人为污染区域。

（2）样品的采集。土壤混合样品是指采集多个样点并均匀混合的平均土壤样品。其采样原则如下：①在样点部位把地面的作物残茬、杂草、石块等除去；②每个采样点的取土深度应大体一致，尽量控制在 0～20 cm 左右;③每个采样点的取土量应均匀一致,取样区域尽量均匀分布在 0～20 cm;④每一点尽量具有代表性,但要保证采样点的微区域小地形一致,同时保证采取坡脚、坡腰、坡顶的样点具有一定的均匀性;⑤把采集的土壤样品放在布袋里,附上标签,用记号笔注明采样地点、采土深度、采样日期、采样人、采样地区海拔、采样地区坡度,标签一式两份,一份放在布袋里,一份系在布袋上,与此同时要做好采样记录。

基于梵净山土壤垂直地带性分布特点,2013—2015 年,于梵净山国家级自然保护区不同海拔高度、不同土壤类型上每隔 100 m 左右高差进行布点采样,每个海拔采集平行样 2～3 个;拂去枯枝落叶、铲除杂草,挖出剖面后,分别采集不同海拔林下表层 0～20 cm、20～40 cm 与 40～60 cm 土壤各 1 份约 1000 g,装入干净布袋,并做好标记。另外还对梵净山特有珍稀植物红豆杉、珙桐、梵净山冷杉林下土壤设置大约 4 m×4 m 的采样单元,在每个具体采样单元内随机采集 5 个子样品,采集深度为 0～20 cm。共采集土样 99 份,分别为 0～20 cm、20～40 cm、40～60 cm 各 81 份、9 份、9 份。土样前处理后,风干磨细过 2 mm 筛,再按四分法取 2 mm 粗样全部磨细过 0.25 mm 筛制细样。

(二)样品分析

(1)样品分析测试方法。土壤中 Cr、Cu、As、Cd、Hg、Pb,参照《美国国家环保局标准方法》(USEPA—3050B)消解,用电感耦合等离子体质谱仪(ICP-MS)测定。土壤样品经高压密封消解后,冷却、定容,采用电感耦合等离子体质谱仪(ICP-MS,Agilent 7500 a)进行测定,所用水均为二次去离子水,试剂均采用优级纯。

表 6-4   电感耦合等离子体质谱仪的操作和数据采集参数

项 目	工作条件	项 目	工作条件
射频功率/W	1300	雾化室温度/℃	2.0
载气流速/(L·min⁻¹)	0.80	蠕动泵采样转速/(r·s⁻¹)	0.1
辅助气流速/(L·min⁻¹)	0.35	积分时间/s	2.0
采样深度/(L·min⁻¹)	8.0	重复次数/次	3.0

(2)样品测试结果质量控制。①空白值控制:在测试过程中,为确保测试结果的准确性,分析过程中每批样品设 2 个空白,借以检查和控制样品在处理和测试过程中可能带来的污染及误差。②精密度控制:在测试过程中,为保证测试仪器的完好性,对测试样品进行 6 次进样数据采集,计算出样品含量的平均值,将测定值与标准值进行对比,其相对偏差 RSD < 3%。③准确度控制:检测时为保证检测结果的准确性,对土壤样品进行测定时,采用中国土壤标样控制检测样品的准确度,每批样品分析的同时测试两个标样(GSS-2,GSS-5);标样插入的比例为 10%,以保证数据的准确可比,每次测试结果均控制在标样的 $\bar{X} \pm 2S$ 范围内。

(3)药品与试剂。硝酸,GR 级,德国 Merck 公司;灌木枝叶标准物质,编号为 GBW07603(GSV-2),地矿部物化探研究所。

重金属和微量元素混合标准溶液,Agilent part #5183-4688。元素为 K、Ca、Na、Mg、Fe,为 1000 mg/L,Mn、Ni、Mo、Zn、Cu、Co、Pb、Ti、Sb、Ag、Al、Ba、As、Be、Cd、Cr、Se、V、Th 为 10 mg/L。

汞为单标溶液,配置浓度为 0 ng/mL、2.0 ng/mL、4.0 ng/mL、6.0 ng/mL、8.0 ng/mL、10.0ng/mL。

内标液:Agilent part #5188-6525,元素为 Li、Sc、Ge、Lu、Bi、Rn、In、Tb,为 100 mg/L(10% 硝酸介质)。

调谐液：Agilent part #5184 – 3566,元素为 Li、Ge、Y、Co、Ti,为 100 mg/L(2% 硝酸介质)。

超纯水,电阻率 >18.25 MΩ · cm。

(4) 仪器设备。恒温鼓风干燥箱:型号为 101 – 2A,天津市泰斯特仪器有限公司;

电子天平：AL204 – IC,瑞士梅特勒 – 托利多公司;

ICP – MS:Agilent 7500 a,美国安捷伦科技公司;

超纯水系统：Milli – Q Synthesis,美国 MILLIPORE 公司。

四、梵净山土壤重金属含量特征

梵净山国家级自然保护区土壤重金属分析结果见表 6 – 5。

表 6 – 5　梵净山国家级自然保护区土壤重金属含量

元　素	平均值/(mg·kg⁻¹)	最大值/(mg·kg⁻¹)	最小值/(mg·kg⁻¹)	标准差/(mg·kg⁻¹)	变异系数/%
Cd	1.190	1.960	0.260	0.324	27.000
Hg	0.155	0.404	0	0.136	88.000
As	8.330	15.300	0.728	3.790	46.000
Pb	37.700	62.600	22.200	10.000	27.000
Cr	64.700	113.500	15.800	26.800	41.000
Cu	14.700	78.100	1.950	13.900	95.000

梵净山国家级自然保护区土壤重金属含量与《土壤环境质量标准》(GB 15618—1995)中土壤环境质量标准Ⅰ级标准相比的超标率见图 6 – 1。总的来看,梵净山国家级自然保护区土壤重金属含量较高,与《土壤环境质量标准》(GB 15618—1995)中土壤环境质量标准Ⅰ级标准相比,Cd、Hg、As、Pb、Cr、Cu 都有超出土壤环境质量标准Ⅰ级标准的现象,超标率分别为 Cd > Hg > Pb > Cr > Cu > As。其原因主要和贵州省特殊的地质背景有关。从变异系数来看,梵净山国家级自然保护区土壤重金属的变异系数 Cu > Hg > As > Cd > Cr > Pb,表现为 Cu 和 Hg 的区域含量差异相差较其他重金属元素大。

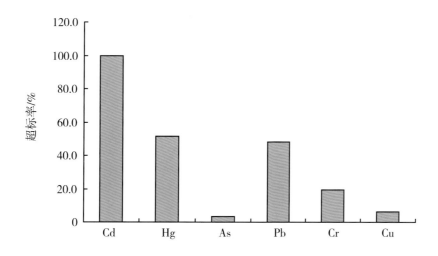

图 6 – 1　梵净山土壤重金属超标率

梵净山国家级自然保护区土壤 Cd 含量范围为 0.260~1.960 mg/kg,均值为 1.190 mg/kg,标准差为 0.324 mg/kg,变异系数为 27.00%。与《土壤环境质量标准》(GB 15618—1995)中土壤环境质量标准 I 级标准相比(Cd≤0.2 mg/kg),Cd 的超标率为 100%。结果显示,梵净山国家级自然保护区有较高的 Cd 自然背景。

梵净山国家级自然保护区土壤 Hg 含量范围为 0~0.404 mg/kg,均值为 0.155 mg/kg,标准差为 0.136 mg/kg,变异系数为 88.00%。与《土壤环境质量标准》(GB 15618—1995)中土壤环境质量标准 I 级标准相比(Hg≤0.15 mg/kg),Hg 的超标率为 51.6%。结果显示,梵净山国家级自然保护区部分区域土壤 Hg 有较高的背景值,但是分布不均,导致变异系数较大。

梵净山国家级自然保护区土壤 As 含量范围为 0.728~15.300 mg/kg,均值为 8.330 mg/kg,标准差为 3.790 mg/kg,变异系数为 46.00%。与《土壤环境质量标准》(GB 15618—1995)中土壤环境质量标准 I 级标准相比(As≤15 mg/kg),As 的超标率为 3.2%。结果显示,梵净山国家级自然保护区部分区域土壤 As 的平均值并未超过土壤环境质量标准 I 级标准,但部分区域背景值较高。

梵净山国家级自然保护区土壤 Pb 含量范围为 22.200~62.600 mg/kg,均值为 37.700 mg/kg,标准差为 10.000 mg/kg,变异系数为 27.00%。与《土壤环境质量标准》(GB 15618—1995)中土壤环境质量标准 I 级标准相比(Pb≤35 mg/kg),Pb 的超标率为 48.4%。结果显示,梵净山国家级自然保护区部分区域土壤 Pb 的平均值超过土壤环境质量标准 I 级标准,且变异系数较小,背景值较高。

梵净山国家级自然保护区土壤 Cr 含量范围为 15.800~113.500 mg/kg,均值为 64.700 mg/kg,标准差为 26.800 mg/kg,变异系数为 41.00%。与《土壤环境质量标准》(GB 15618—1995)中土壤环境质量标准 I 级标准相比(Cr≤90 mg/kg),Cr 的超标率为 19.4%。结果显示,梵净山国家级自然保护区部分区域土壤 Cr 的平均值并未超过土壤环境质量标准 I 级标准,但部分区域背景值较高。

梵净山国家级自然保护区土壤 Cu 含量范围为 1.950~78.100 mg/kg,均值为 14.700 mg/kg,标准差为 13.900 mg/kg,变异系数为 95.00%。与《土壤环境质量标准》(GB 15618—1995)中土壤环境质量标准 I 级标准相比(Cu≤35 mg/kg),Cu 的超标率为 6.5%。结果显示,梵净山国家级自然保护区部分区域土壤 Cu 的平均值并未超过土壤环境质量标准 I 级标准,但部分区域背景值很高,且变异系数极大。

五、梵净山土壤中重金属元素的垂直分布特征

(一)土壤剖面中重金属元素垂直分布的基本特征

根据海拔从高到低,采集了剖面 1~7 共 7 组土壤剖面 A、B 层样品进行分析,结果见表 6-6。从结果来看,不同剖面层次除 Cd 平均含量为 B 层大于 A 层,Hg、As、Pb、Cr、Cu 的平均含量均为 A 层大于 B 层。

表6－6　不同剖面层次重金属平均含量　　　　　　　单位:mg/kg

项　目	Cd		Hg		As		Pb		Cr		Cu	
	A	B	A	B	A	B	A	B	A	B	A	B
剖面1	0.84	1.12	0.054	0.048	4.16	2.41	30.00	19.10	23.80	17.70	22.4	0.52
剖面2	0.87	1.29	0.062	0.043	0.78	2.02	24.20	30.70	39.30	25.30	7.65	1.05
剖面3	1.60	0.88	0.050	0.011	8.29	0.12	27.70	10.50	36.90	19.80	1.11	9.93
剖面4	1.43	1.43	0.035	0.032	2.05	1.96	46.90	53.00	39.10	37.70	20.30	26.80
剖面5	1.43	1.30	0.353	0.021	2.76	1.59	84.40	53.60	21.20	16.50	17.20	25.80
剖面6	1.49	1.29	0.313	0.020	11.20	0.78	89.60	38.70	45.30	39.20	5.60	2.72
剖面7	1.19	1.61	0.121	0.012	16.00	15.92	39.90	28.00	53.70	22.60	31.50	6.02
平均值	1.26	1.28	0.141	0.027	6.47	3.54	49.00	33.40	37.00	25.50	15.10	10.40

（1）不同剖面土壤 Cd 的分布特征。不同海拔高度下土壤 Cd 分布情况见图6－2。

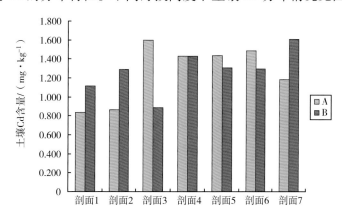

图6－2　不同剖面样品土壤 Cd 的分布

可以看出,不同剖面 Cd 的分布没有明显的规律性,A 层与 B 层没有明显的变化趋势。

（2）不同剖面土壤 Hg 的分布特征。不同海拔高度下土壤 Hg 分布情况见图6－3。

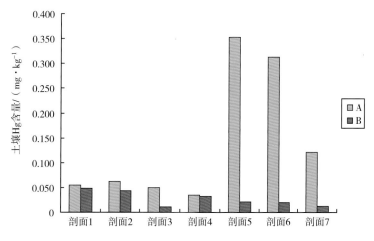

图6－3　不同剖面样品土壤 Hg 的分布

对7个剖面土壤进行分析发现,土壤 Hg 含量均为 A 层大于 B 层,这可能和大气汞的沉降有关。同时,随着海拔高度的降低,A 层土壤中 Hg 含量明显增大,增加幅度大;B 层土壤 Hg 含量变化范围不大,略有降低。

（3）不同剖面土壤 As 的分布特征。不同海拔高度下土壤 As 分布情况见图 6-4。

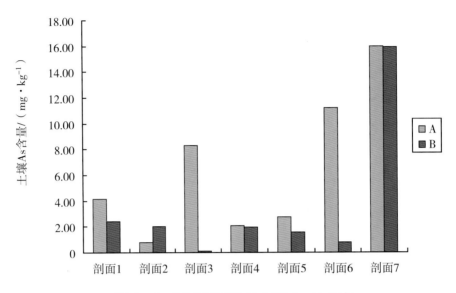

图 6-4 不同剖面样品土壤 As 的分布

梵净山国家级自然保护区土壤 As 总体表现为 A 层大于 B 层,只有剖面 2 为 B 层大于 A 层。同时,随着海拔高度的降低,A 层土壤中 As 含量明显增大,特别是低海拔的剖面 6 和剖面 7,A 层土壤 As 含量较高。

（4）不同剖面土壤 Pb 的分布特征。不同海拔高度下土壤 Pb 分布情况见图 6-5。

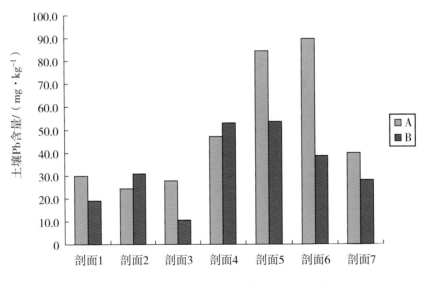

图 6-5 不同剖面样品土壤 Pb 的分布

不同剖面 Pb 的分布没有明显的规律性,A 层与 B 层没有明显的变化趋势。7 个剖面样品中,有 5 个剖面 Pb 的含量为 A 层大于 B 层,只有 2 个剖面为 B 层大于 A 层。中低海拔区域剖面 A 层 Pb 的含量较高海拔地区高。

（5）不同剖面土壤 Cr 的分布特征。不同海拔高度下土壤 Cr 分布情况见图 6-6。

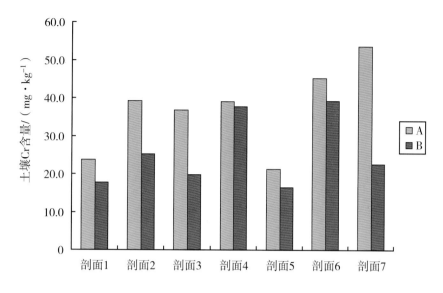

图 6-6　不同剖面样品土壤 Cr 的分布

对 7 个剖面土壤进行分析发现,土壤 Cr 含量均为 A 层大于 B 层。随着海拔高度的变化,A 层土壤中 Cr 含量没有明显的规律性变化,但低海拔地区(剖面 6、剖面 7)A 层土壤中 Cr 含量较高海拔地区(剖面 1)高。

(6)不同剖面土壤 Cu 的分布特征。不同海拔高度下土壤 Cu 分布情况见图 6-7。

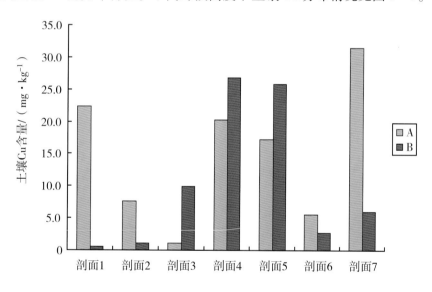

图 6-7　不同剖面样品土壤 Cu 的分布

不同剖面 Cu 的分布没有明显的规律性,A 层与 B 层没有明显的变化趋势。高海拔和低海拔区域 A 层与 B 层土壤 Cu 含量差异较大。

(二)不同海拔土壤中重金属元素的垂直分布特征

将梵净山土壤样品按不同海拔进行分类,将海拔分为 5 个不同尺度,分别为海拔 > 2300 m、2000～2300 m、1000～2000 m、800～1000 m 和 500～800 m,对应的土壤样品个数分别为 4 个、11 个、8 个、9 个和 8 个,分别计算其平均值进行统计分析。

(1)不同海拔土壤 Cd 的分布特征。不同海拔高度下土壤 Cd 的平均含量见图 6-8。

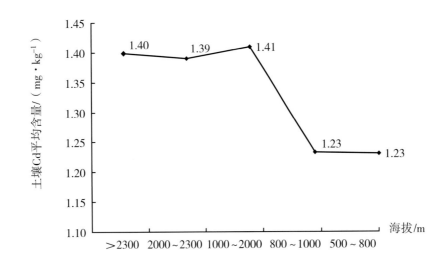

图 6 - 8 不同海拔土壤 Cd 平均含量

可以看出,随着海拔下降,土壤 Cd 平均含量总体呈下降的趋势。平均值最高为 1.41 mg/kg,出现在海拔高度为 1000 ~ 2000 m 的山地黄棕壤地带;平均值最低为 1.23 mg/kg,为海拔 500 ~ 800 m 的黄红壤地带;海拔 > 2300 m 的主要土壤为高山草甸土,土壤 Cd 含量平均值为 1.40 mg/kg,与山地黄棕壤 Cd 含量相差不大。总体来看,随海拔高度的增加,海拔 1000 m 以上和海拔 1000 m 以下,土壤 Cd 含量出现较为明显的差异变化。

不同海拔高度下,梵净山国家级自然保护区各海拔土壤 Cd 含量均超过《土壤环境质量标准》(GB 15618—1995)中土壤环境质量标准 I 级标准。

(2)不同海拔土壤 Hg 的分布特征。不同海拔高度下,土壤 Hg 的平均含量见图 6 - 9。

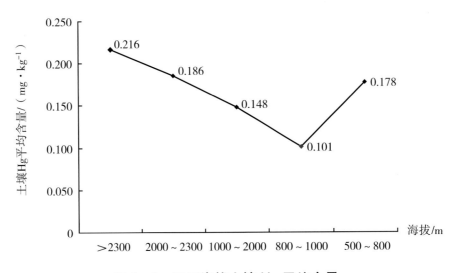

图 6 - 9 不同海拔土壤 Hg 平均含量

可以看出,随着海拔下降,土壤 Hg 平均含量总体呈下降的趋势。平均值最高为 0.216 mg/kg,分布在海拔 > 2300 m 的区域;平均值最低为 0.101 mg/kg,分布在海拔为 800 ~ 1000 m 的黄红壤地带;在海拔为 500 ~ 800 m 的区域,土壤 Hg 平均含量反而有所增大,为 0.178 mg/kg。总体来看,随着海拔高度的下降,土壤 Hg 平均含量下降梯度较为明显,但在山脚土壤 Hg 的含量增大。

不同海拔高度下,梵净山国家级自然保护区800~1000 m、1000~2000 m地区土壤Hg平均含量低于《土壤环境质量标准》(GB 15618—1995)中土壤环境质量标准Ⅰ级标准,500~800 m、2000~2300 m、>2300 m海拔土壤Hg含量超出土壤环境质量标准Ⅰ级标准。

(3)不同海拔土壤As的分布特征。不同海拔高度下,土壤As的平均含量见图6-10。

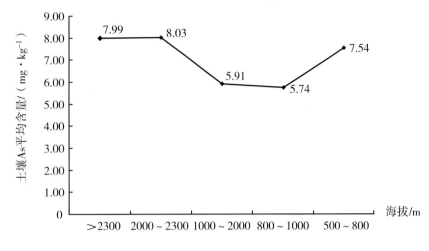

图6-10 不同海拔土壤As平均含量

土壤As平均含量随海拔高度的变化没有明显的变化趋势,在高海拔和低海拔区域都有较高的含量,在2000~2300 m海拔高度最大含量为8.03 mg/kg,在800~1000 m海拔高度最低值为5.74 mg/kg。总体来看,海拔800~2000 m区域土壤As含量相对较低。

不同海拔高度下,梵净山国家级自然保护区各海拔土壤As平均含量均低于《土壤环境质量标准》(GB 15618—1995)中土壤环境质量标准Ⅰ级标准。

(4)不同海拔土壤Pb的分布特征。不同海拔高度下,土壤Pb的平均含量如图6-11。

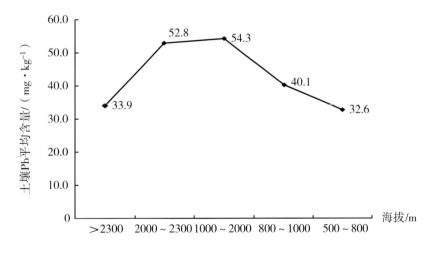

图6-11 不同海拔土壤Pb平均含量

可以看出,土壤Pb平均含量随海拔高度的变化没有明显的变化趋势。总体分布上山顶和山脚土壤Pb平均含量相对较低,山腰土壤Pb平均含量相对较高。平均值最高为54.3 mg/kg,分布在海拔为1000~2000 m的区域;平均值最低为32.6 mg/kg,分布在海拔为500~800 m的区域。

不同海拔下,梵净山国家级自然保护区800~1000 m、1000~2000 m、2000~2300 m海拔土壤Pb平

均含量超出《土壤环境质量标准》（GB 15618—1995）中土壤环境质量标准Ⅰ级标准，500～800 m、
>2300 m 海拔土壤 Pb 含量低于土壤环境质量标准Ⅰ级标准。

（5）不同海拔土壤 Cr 的分布特征。不同海拔下，土壤 Cr 的平均含量见图 6－12。

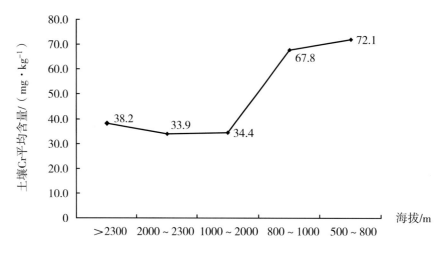

图 6－12　不同海拔土壤 Cr 平均含量

可以看出，随着海拔下降，土壤 Cr 平均含量总体呈上升的趋势。平均值最大为 72.1 mg/kg，分布在
海拔为 500～800 m 的区域；平均值最低为 33.9 mg/kg，分布在海拔 2000～2300 m 的区域。在海拔约
1000 m 的高度，土壤 Cr 含量呈现明显的变化差异，如海拔为 800～1000 m 地区，土壤 Cr 平均含量平均
值为 67.8 mg/kg，几乎达到海拔 1000～2000 m 地区土壤 Cr 平均含量的 2 倍。

不同海拔下，梵净山国家级自然保护区各尺度土壤 Cr 平均含量均低于《土壤环境质量标准》
（GB 15618—1995）中土壤环境质量标准Ⅰ级标准。

（6）不同海拔土壤 Cu 的分布特征。不同海拔下，土壤 Cu 的平均含量见图 6－13。

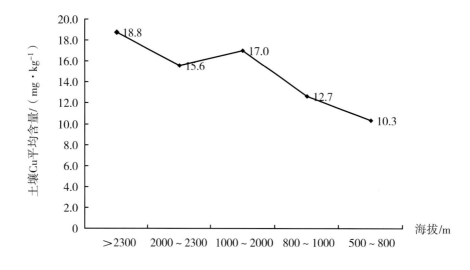

图 6－13　不同海拔土壤 Cu 平均含量

可以看出，随着海拔下降，土壤 Cu 平均含量总体呈下降的趋势，且整体趋势明显。平均值最高为
18.8 mg/kg，分布在海拔 >2300 m 的高山草甸土区域；平均值最低为 10.3 mg/kg，分布在海拔为 500～

800 m 的黄红壤地带。在海拔为 1000～2000 m 的区域,土壤 Cu 的平均含量略有升高。

不同海拔尺度下,梵净山国家级自然保护区各海拔土壤 Cu 平均含量均低于《土壤环境质量标准》(GB 15618—1995)中土壤环境质量标准Ⅰ级标准。

六、不同土壤类型重金属含量特征

梵净山国家级自然保护区主要土壤类型有山地黄红壤、山地黄壤、山地黄棕壤、山地暗色矮林土、山地灌丛草甸土。按照土壤类型取表层土壤 0～20 cm 进行采样分析,结果见表6-7。

表6-7　不同土壤类型重金属元素含量

土壤类型	样品个数	项目	土壤重金属含量/(mg·kg⁻¹)					
			Cd	Hg	As	Pb	Cr	Cu
山地黄红壤	7	最大值	1.440	0.310	12.400	34.200	99.200	12.300
		最小值	0.976	0	5.270	25.800	57.600	9.000
		平均值	1.210	0.145	7.780	29.900	79.400	10.400
山地黄壤	10	最大值	1.850	0.404	11.400	57.700	113.000	20.300
		最小值	0.260	0	0.728	22.200	15.800	1.950
		平均值	1.250	0.131	5.750	41.200	63.100	12.400
山地黄棕壤	6	最大值	1.490	0.353	16.000	89.600	53.700	31.500
		最小值	1.190	0.035	2.050	39.900	21.200	5.600
		平均值	1.380	0.206	8.010	65.200	39.800	18.700
山地暗色矮林土	9	最大值	1.250	0.306	15.300	50.500	106.000	78.100
		最小值	0.914	0	6.950	32.900	36.600	3.260
		平均值	1.030	0.169	11.500	39.200	63.400	21.100
山地灌丛草甸土	4	最大值	1.600	0.230	12.000	73.300	48.700	10.100
		最小值	0.922	0	7.840	27.400	30.700	7.660
		平均值	1.250	0.106	9.310	51.200	41.000	8.840

梵净山国家级自然保护区山地黄红壤重金属 Cd 含量范围为 0.976～1.440 mg/kg,平均值为 1.210 mg/kg,远远大于土壤环境质量标准Ⅰ级标准。Hg 含量范围为 0～0.310 mg/kg,平均值为 0.145 mg/kg,平均值低于土壤环境质量标准Ⅰ级标准。As 含量范围为 5.270～12.400 mg/kg,平均值为 7.780 mg/kg,低于土壤环境质量标准Ⅰ级标准。Pb 含量范围为 25.800～34.200 mg/kg,平均值为 29.900 mg/kg,低于土壤环境质量标准Ⅰ级标准。Cr 含量范围为 57.600～99.200 mg/kg,平均值为 79.400 mg/kg,平均值低于土壤环境质量标准Ⅰ级标准,但最大值超出土壤环境质量标准Ⅰ级标准。Cu 含量范围为 9.000～12.300 mg/kg,平均值为 10.400 mg/kg,所有样品检测值低于土壤环境质量标准Ⅰ级标准。

梵净山国家级自然保护区山地黄壤重金属 Cd 含量范围为 0.260～1.850 mg/kg,平均值为 1.250 mg/kg,远远大于土壤环境质量标准Ⅰ级标准。Hg 含量范围为 0～0.404 mg/kg,平均值为 0.131 mg/kg,平均值低于土壤环境质量标准Ⅰ级标准,但部分样品 Hg 含量较高。As 含量范围为 0.728～11.400 mg/kg,平均值为 5.750 mg/kg,As 含量变化范围大,表明黄壤中 As 含量分布不均,但均低于土壤环境质量标准 I 级标准。Pb 含量范围为 22.200~57.700 mg/kg,平均值为 41.200 mg/kg,平均含量超出土壤环境质量标准 I 级标准。Cr 含量范围为 15.800~113.000 mg/kg,平均值为 63.100 mg/kg,平均值低于土壤环境质量标准 I 级标准,但最大值超出土壤环境质量标准 I 级标准,且含量变化范围大。Cu 含量范围为 1.950~20.300 mg/kg,平均值为 12.400 mg/kg,低于土壤环境质量标准 I 级标准。

梵净山国家级自然保护区山地黄棕壤重金属 Cd 含量范围为 1.190~1.490 mg/kg,平均值为 1.380 mg/kg,远远大于土壤环境质量标准 I 级标准。Hg 含量范围为 0.035~0.353 mg/kg,平均值为 0.206 mg/kg,平均值高于土壤环境质量标准 I 级标准。As 含量范围为 2.050~16.000 mg/kg,平均值为 8.010 mg/kg,As 含量变化范围大,平均值低于土壤环境质量标准 I 级标准。Pb 含量范围为 39.900~89.600 mg/kg,平均值为 65.200 mg/kg,平均含量超出土壤环境质量标准 I 级标准。Cr 含量范围为 21.200~53.700 mg/kg,平均值为 39.800 mg/kg,低于土壤环境质量标准 I 级标准。Cu 含量范围为 5.600~31.500 mg/kg,平均值为 18.700 mg/kg,低于土壤环境质量标准 I 级标准。

梵净山国家级自然保护区山地暗色矮林土重金属 Cd 含量范围为 0.914~1.250 mg/kg,平均值为 1.030 mg/kg,远远大于土壤环境质量标准 I 级标准。Hg 含量范围为 0~0.306 mg/kg,平均值为 0.169 mg/kg,平均值高于土壤环境质量标准 I 级标准。As 含量范围为 6.950~15.300 mg/kg,平均值为 11.500 mg/kg,均低于土壤环境质量标准 I 级标准。Pb 含量范围为 32.900~50.500 mg/kg,平均值为 39.200 mg/kg,超出土壤环境质量标准 I 级标准。Cr 含量范围为 36.600~106.000 mg/kg,平均值为 63.400 mg/kg,平均值低于土壤环境质量标准 I 级标准,但最大值超出土壤环境质量标准 I 级标准,且含量变化范围大。Cu 含量范围为 3.260~78.100 mg/kg,平均值为 21.100 mg/kg,平均值低于土壤环境质量标准 I 级标准,但最大值超出土壤环境质量标准 I 级标准,且含量变化范围大。

梵净山国家级自然保护区山地灌丛草甸土重金属 Cd 含量范围为 0.922~1.600 mg/kg,平均值为 1.250 mg/kg,远远大于土壤环境质量标准 I 级标准。Hg 含量范围为 0~0.230 mg/kg,平均值为 0.106 mg/kg,平均值低于土壤环境质量标准 I 级标准。As 含量范围为 7.840~12.000 mg/kg,平均值为 9.310 mg/kg,均低于土壤环境质量标准 I 级标准。Pb 含量范围为 27.400~73.300 mg/kg,平均值为 51.200 mg/kg,超出土壤环境质量标准 I 级标准。Cr 含量范围为 30.700~48.700 mg/kg,平均值为 41.000 mg/kg,极值和平均值均低于土壤环境质量标准 I 级标准。Cu 含量范围为 7.660~10.100 mg/kg,平均值为 8.840 mg/kg,平均值低于土壤环境质量标准 I 级标准。

不同类型土壤中重金属的平均含量统计值差异为:

Cd:山地黄棕壤 > 山地黄壤 = 山地灌丛草甸土 > 山地黄红壤 > 山地暗色矮林土;

Hg:山地黄棕壤 > 山地暗色矮林土 > 山地黄红壤 > 山地黄壤 > 山地灌丛草甸土;

As:山地暗色矮林土 > 山地灌丛草甸土 > 山地黄棕壤 > 山地黄红壤 > 山地黄壤;

Pb:山地黄棕壤 > 山地灌丛草甸土 > 山地黄壤 > 山地暗色矮林土 > 山地黄红壤;

Cr:山地黄红壤 > 山地暗色矮林土 > 山地黄壤 > 山地灌丛草甸土 > 山地黄棕壤;

Cu:山地暗色矮林土 > 山地黄棕壤 > 山地黄壤 > 山地黄红壤 > 山地灌丛草甸土。

七、梵净山土壤重金属污染调查与评价

对梵净山采集的涉及不同海拔、不同区域、不同土壤类型的土壤样品共 31 个,采用《土壤环境质量标准》(GB 15618—1995)中土壤环境质量标准 I 级标准自然背景值为限量指标,运用内梅罗指数法进行评价,结果见表 6-8。

表6-8　梵净山土壤重金属污染指数

样品编号	单项污染指数 Pi					
	Cd	Hg	As	Pb	Cr	Cu
1	6.02	0.03	0.47	1.09	0.51	0.12
2	4.82	0.31	0.75	1.04	0.41	0.09
3	9.80	0.55	0.99	1.79	0.58	1.21
4	4.61	1.53	0.52	0.78	0.34	0.22
5	4.96	1.30	0.59	0.94	0.54	0.25
6	6.86	2.30	0.30	0.80	0.74	0.16
7	6.48	0.69	0.42	1.23	0.55	0.15
8	5.14	0.12	0.46	0.96	0.79	0.44
9	4.57	0.66	0.77	0.94	0.81	0.26
10	6.25	2.01	0.97	1.44	0.98	0.64
11	4.99	1.84	1.02	1.14	0.56	0.58
12	4.81	1.51	0.93	1.15	0.43	0.54
13	4.75	1.63	0.78	1.27	0.69	2.23
14	4.97	2.04	0.77	1.05	1.17	0.52
15	9.25	0.03	0.05	1.06	1.20	0.33
16	1.30	0.03	0.06	0.63	0.18	0.06
17	6.94	2.70	0.39	1.47	0.23	0.28
18	6.45	2.69	0.53	1.65	0.20	0.35
19	8.62	1.60	0.76	1.63	0.46	0.38
20	5.39	0.03	0.36	0.87	1.01	0.32
21	7.49	1.23	0.31	1.22	0.99	0.34
22	7.38	0.29	0.58	1.34	0.78	0.42
23	5.26	0.25	0.41	1.02	1.26	0.49
24	4.35	0.03	0.38	0.90	0.71	0.58
25	7.21	1.36	0.35	0.98	0.69	0.29
26	6.06	1.91	0.37	0.88	1.02	0.32
27	6.19	2.07	0.51	0.93	0.90	0.29
28	6.15	1.44	0.41	0.89	0.64	0.26
29	4.88	0.03	0.83	0.74	0.91	0.26
30	5.76	0.03	0.48	0.82	1.10	0.35
31	6.06	0.03	0.69	0.75	0.92	0.30
平均值	5.93	1.04	0.56	1.08	0.72	0.42
综合污染指数	7.03					

对统计结果分析发现,梵净山国家级自然保护区土壤重金属与土壤环境质量标准Ⅰ级标准自然背景对比,土壤 Cd、Hg、Pb 存在较为严重的自然污染。

Cd 的污染指数最高,其单项污染指数的平均值达5.93,污染最为严重;

Hg 的单项污染指数平均值为 1.04,单项污染指数大于 1.00 的样品有 16 个;

As 的单项污染指数平均值为 0.56,单项污染指数大于 1.00 的样品只有 1 个;

Pb 的单项污染指数平均值为 1.08,单项污染指数大于 1.00 的样品有 16 个;

Cr 的单项污染指数平均值为 0.72,单项污染指数大于 1.00 的样品有 6 个;

Cu 的单项污染指数平均值为 0.42,单项污染指数大于 1.00 的样品有 2 个。

就总的污染指数来看,梵净山国家级自然保护区土壤重金属污染为 Cd > Pb > Hg > Cr > As > Cu。梵净山国家级自然保护区土壤重金属综合污染指数为 7.03,与土壤环境质量标准 Ⅰ 级标准自然背景对比后确定为重度污染。

八、梵净山特有珍稀植物重金属含量特征

采集了梵净山珍稀植物珙桐、梵净山冷杉、南方红豆杉树叶的植物样品 32 个,分析重金属含量,结果见表 6 - 9。

表 6 - 9   梵净山特有珍稀植物重金属含量

植 被	样品个数	项 目	元素含量					
			Cd	Hg	As	Pb	Cr	Cu
珙 桐	10	最小值/(mg·kg⁻¹)	0.076	0.005	0.016	2.441	3.085	1.832
		最大值/(mg·kg⁻¹)	0.392	0.190	1.060	13.876	35.338	5.313
		平均值/(mg·kg⁻¹)	0.192	0.069	0.352	5.906	10.801	3.609
		标准差	0.109	0.078	0.319	3.372	9.903	1.193
		变异系数/%	55.100	105.300	90.600	53.700	81.200	33.100
梵净山冷杉	10	最小值/(mg·kg⁻¹)	0.087	0.012	0.276	2.168	1.274	1.354
		最大值/(mg·kg⁻¹)	1.323	0.162	1.265	14.576	11.015	4.808
		平均值/(mg·kg⁻¹)	0.373	0.079	0.648	6.505	4.631	2.526
		标准差	0.346	0.052	0.292	4.275	2.770	1.237
		变异系数/%	92.600	66.400	45.100	65.700	59.800	49.000
南方红豆杉	12	最小值/(mg·kg⁻¹)	0.138	0.006	0.000	0.968	0.416	2.746
		最大值/(mg·kg⁻¹)	0.374	0.193	0.488	9.918	10.764	5.863
		平均值/(mg·kg⁻¹)	0.230	0.069	0.198	4.704	4.305	3.939
		标准差	0.078	0.050	0.150	3.455	3.185	0.923
		变异系数/%	33.800	72.500	75.800	73.400	74.000	23.400

梵净山国家级自然保护区 3 种重要的植物叶片中均检测出重金属元素。珙桐重金属 Cd 含量范围为 0.076 ~ 0.392 mg/kg,平均值为 0.192 mg/kg;梵净山冷杉重金属 Cd 含量范围为 0.087 ~ 1.323 mg/kg,平均值为 0.373 mg/kg;南方红豆杉重金属 Cd 含量范围为 0.138 ~ 0.374 mg/kg,平均值为 0.230 mg/kg。就平均值来看,三种珍稀植物叶片中 Cd 含量为梵净山冷杉 > 南方红豆杉 > 珙桐。

梵净山国家级自然保护区珙桐重金属 Hg 含量范围为 0.005 ~ 0.190 mg/kg,平均值为 0.069 mg/kg;梵净山冷杉重金属 Hg 含量范围为 0.012 ~ 0.162 mg/kg,平均值为 0.079 mg/kg;南方红豆杉重金属 Hg 含量范围为 0.006 ~ 0.193 mg/kg,平均值为 0.069 mg/kg。就平均值来看,3 种珍稀植物叶片中 Hg 含量

为梵净山冷杉 > 南方红豆杉 = 珙桐。

梵净山国家级自然保护区珙桐重金属 As 含量范围为 0.016 ~ 1.060 mg/kg,平均值为 0.352 mg/kg;梵净山冷杉重金属 As 含量范围为 0.276 ~ 1.265 mg/kg,平均值为 0.648 mg/kg;南方红豆杉重金属 As 含量范围为 0.000 ~ 0.488 mg/kg,平均值为 0.198 mg/kg。就平均值来看,3 种珍稀植物叶片中 As 含量为梵净山冷杉 > 珙桐 > 南方红豆杉。

梵净山国家级自然保护区珙桐重金属 Pb 含量范围为 2.441 ~ 13.876 mg/kg,平均值为 5.906 mg/kg;梵净山冷杉重金属 Pb 含量范围为 2.168 ~ 14.576 mg/kg,平均值为 6.505 mg/kg;南方红豆杉重金属 Pb 含量范围为 0.968 ~ 9.918 mg/kg,平均值为 4.704 mg/kg。就平均值来看,3 种珍稀植物叶片中 Pb 含量为梵净山冷杉 > 珙桐 > 南方红豆杉。

梵净山国家级自然保护区珙桐重金属 Cr 含量范围为 3.085 ~ 35.338 mg/kg,平均值为 10.801 mg/kg;梵净山冷杉重金属 Cr 含量范围为 1.274 ~ 11.015 mg/kg,平均值为 4.631 mg/kg;南方红豆杉重金属 Cr 含量范围为 0.416 ~ 10.764 mg/kg,平均值为 4.305 mg/kg。就平均值来看,3 种珍稀植物叶片中 Cr 含量为珙桐 > 梵净山冷杉 > 南方红豆杉。

梵净山国家级自然保护区珙桐重金属 Cu 含量范围为 1.832 ~ 5.313 mg/kg,平均值为 3.609 mg/kg;梵净山冷杉重金属 Cu 含量范围为 1.354 ~ 4.808 mg/kg,平均值为 2.526 mg/kg;南方红豆杉重金属 Cu 含量范围为 2.746 ~ 5.863 mg/kg,平均值为 3.939 mg/kg。就平均值来看,3 种珍稀植物叶片中 Cu 含量为南方红豆杉 > 珙桐 > 梵净山冷杉。

参考文献

陈静生,1987. 水环境化学[M]. 北京:高等教育出版社.

丁中元,1989. 重金属在土壤 – 作物中分布规律研究[J]. 环境科学,10(5):78 – 80.

江行玉,赵可夫,2001. 植物重金属伤害及其抗性机理[J]. 应用与环境生物学报,7(1):92 – 99.

林匡飞,徐小清,Paul A,等,2001. As 污染区农民头发中 As 含量与环境中 As 含量的关系[J]. 中国环境科学,21(5):440 – 444.

郑喜坤,鲁安怀,高翔,等,2002. 土壤中重金属污染现状与防治方法[J]. 土壤与环境,11(1):79 – 84.

BESNARD E,CHENU C,ROBERT M,2001. Influence of organic amendments on copper distribution among particle – size and density fractions in Champagne vineyard soils [J]. Environmental Pollution,112(3):329 – 337.

BIBAK A,1997. Copper retention by Danish Spodosols in relation to contents of organic matter and aluminum,iron,and manganese oxides[J]. Communications in Soil Science and Pland Analysis,28 (5):939 – 948.

CHESHIRE M V,MCPHAIL D B,BERROW M L,1994. Organic matter copper complexes in soils treated with sewage sludge [J]. Science of The Total Environment,152(1):63 – 72.

Hakanson L,1980. An ecological risk index for aquatic Pollution control. A sedimentological approach [J]. Water Research,14(8):975 – 1001.

Nemerow N L,1974. Scientific Stream Pollution Analysis[M]. Washington:Scripta Book Co.

附　图

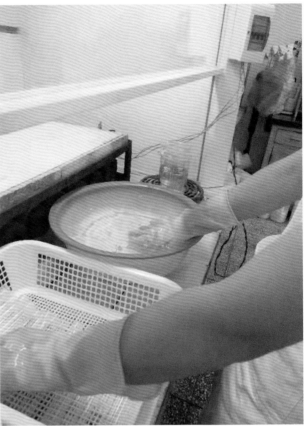

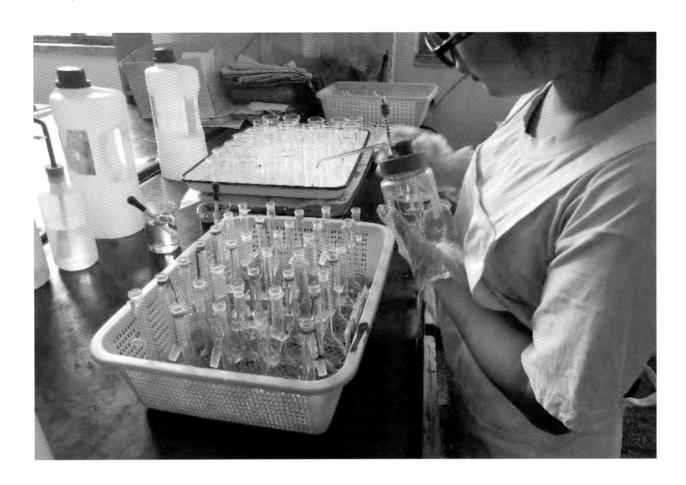

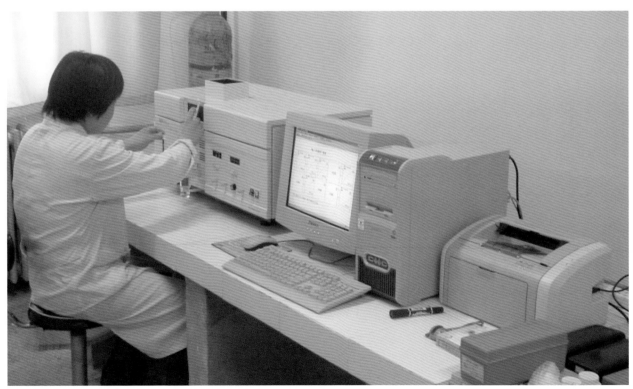

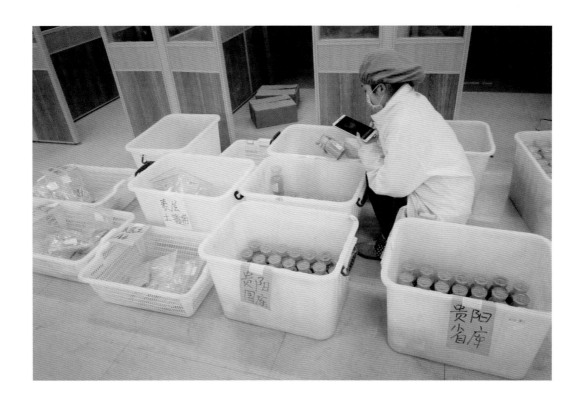

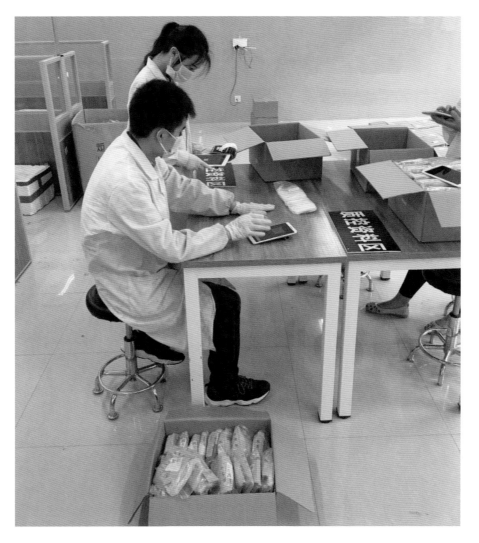